Bert Martin Ohnemüller

# LEAD HEARTS
# SPEAK THE TRUTH
# INSPIRE SOULS

Ein persönlicher Erfahrungs- und Erlebnisbericht
über die drei wesentlichen Elemente gelungener
Unternehmens- und Lebensführung

Ich bedanke mich ganz herzlich bei Susanne Küst und
Dr. Alexandra Hildebrandt für deren inhaltliches „Sparring"
sowie bei Sandra Doeller für ihr kreatives Geschick und ihre wunderbare
gestalterische Unterstützung.
Ohne die Hilfe dieses „Teams" wäre dieses Buch sicher nicht so
geworden, wie es ist. Danke!

*2. Auflage*
*© Bert Martin Ohnemüller*
*Kontakt: bmohnemueller@bmo.de*
*ISBN 978-3-00-051724-2*

*Umschlaggestaltung: Bureau Sandra Doeller*
*Layout: Bureau Sandra Doeller*
*Satz: MB:H GmbH, GG*
*Lektorat: pertext, Berlin*
*Druck und Bindung: Frotscher Druck GmbH*

*Willkommen in der*
*„Dekade der Menschlichkeit"*

Für meine Frau Ines und meine Kinder

Enrico, Clara, Frederic, Laurenz

# LEAD HEARTS

# SPEAK THE TRUTH

# INSPIRE SOULS

## ICH HABE EINEN TRAUM

Ich bin ein unverbesserlicher Romantiker, der von einer Welt träumt, in der die Menschen das, was sie tun gerne und mit Leidenschaft tun. Eine Welt, die geprägt ist von Kooperation statt von Konfrontation. Ich bin davon überzeugt, dass eine solche Welt entstehen kann, wenn wir anfangen, noch stärker auf unsere Herzen zu hören und der Weisheit unserer inneren Stimme noch mehr zu vertrauen.

Nichts außerhalb unseres Selbst kann uns dauerhaft glücklich machen. Und sobald wir erkennen, dass wir alles, was wir wirklich brauchen, in uns tragen und die wertvollsten Dinge im Leben kostenlos sind, dann sind wir auf dem richtigen Weg zu einem erfüllten Leben.

Auf meinem Weg sind mir immer wieder drei Themen begegnet, die für eine dauerhafte und erfolgreiche Unternehmens- und Lebensführung entscheidend sind: Führung, Kommunikation und Inspiration.

In diesem Buch finden Sie konkrete Antworten und viele Anregungen, wie Sie diese Themen genial einfach in Ihr Leben integrieren können.

Ich möchte Sie einladen, die Welt mit anderen Augen zu sehen – eine Welt voller Chancen und Möglichkeiten! Dabei werde ich Ihnen Wege und Methoden vorstellen, die mir selbst auf meinem Weg in ein erfülltes Berufs- und Privatleben geholfen haben.

Zudem möchte ich Sie an Ihre Einzigartigkeit erinnern. Denn hier liegen der Schlüssel zum Glück und der Herzschlag zu einem besseren Leben. Jeden von uns gibt es eben nur einmal – das ist die Logik des Lebens („Biologie"). Aber glauben wir das auch?

Glauben Sie an sich?

Inspiration (lat. „inspirare": „beseelen") ist damit unmittelbar verbunden. Kann es Schöneres und Bereicherndes geben, anderen als Sparringpartner zu dienen, und sie an ihre Aufgabe als die Hüter des eigenen Feuers zu erinnern? Das gilt für alle Seinsbereiche: Körper, Geist und Seele.

Nach mehr als 35 Jahren intensiven Studiums an der Universität des Lebens und der konkreten Anwendung und Umsetzung der gewonnenen Erkenntnisse möchte ich meine persönlichen Erfahrungen hier nun mit Ihnen teilen.

Ich möchte Ihnen dabei wie ein Freund begegnen, der offen über seine Wahrnehmungen und Ansichten spricht.

Finden Sie für sich selbst heraus, welche der von mir angesprochenen Themen und Aspekte für Sie relevant sind, und welche der Gedanken und Ideen bei Ihnen eine positive Resonanz erzeugen und Ihr Herz und Ihre Seele zum Schwingen bringen.

## LEAD HEARTS

Viele Menschen fühlen sich insbesondere in der Geschäftswelt zum Führen berufen, aber die wenigsten wollen damit bei sich selbst anfangen. Die große Herausforderung im Leben besteht jedoch erst einmal darin, herauszufinden, wer man ist, und danach zu leben und zu handeln. Erst daraus erwächst die Reife für Führungsaufgaben.

Wer bereit ist, Verantwortung für sich und andere zu übernehmen, der liefert damit auch Antworten und wird zum Kapitän auf seinem eigenen Schiff. Er bestimmt seinen Lebenskurs mit dem Kompass seines Herzens und wird so zum Vorbild für die Menschen in seinem Umfeld.

Führung heißt, die richtigen Dinge zu tun, und nicht nur, die Dinge richtig zu machen.

## SPEAK THE TRUTH

Die Wissenschaft der Kommunikation ist die Wissenschaft der Missverständnisse. In kaum einer anderen Disziplin gibt es so viele Missverständnisse wie in der Kommunikation. Die meisten Teile unseres Gehirns können eben mit Worten und Zahlen nicht so viel anfangen.

- Wie funktioniert die Kommunikation?
- Wie hören wir zu?
  Wollen wir antworten, oder wollen wir verstehen?
- Achten wir darauf, dass unsre Zunge uns nicht taub macht?
- Sollten wir oftmals nicht lieber schweigen und einfach zuhören?
- Wie kommt die Wirklichkeit in meinen und Ihren Kopf?
- Was sagt mir die Körpersprache darüber, wie mich andere wahrnehmen und wie ich mich selbst wahrnehme?
- Welchen Einfluss haben Gestik und Mimik?
- Welchen Einfluss haben die evolutionären Filter auf unser Miteinander?
- Warum erfüllen die erfolgreichsten Marken und Unternehmen eines der zentralen Grundbedürfnisse: den Wunsch und das Gefühl der Zugehörigkeit? (Verkaufen die eigentlich noch Produkte oder nur die Mitgliedschaft in ihrem eigenen Lifestyle Club?)
- Wie werden meine Botschaften zur Quelle der Inspiration, und wie hinterlasse ich emotionale Fingerabdrücke?

Es liegt auf der Hand: Führung braucht in erster Linie exzellente Kommunikation!

Ich möchte Sie in diesem Kapitel über die grundsätzlichen Prinzipien erfolgreicher Kommunikation informieren und Ihnen das „*Wie*" und seine praktische Anwendung vorstellen.

## INSPIRE SOULS

Inspiration, mein Lieblingswort, nachdem ich mehr als drei Dekaden meines Berufslebens in einer Führungsposition ergebnislos mit dem Versuch zugebracht habe, andere motivieren zu wollen. Das lernt man doch als Erstes im Marketing und vor allem im Vertrieb: Hier noch eine Prämie, dort noch ein Incentive – und endlich marschieren die Damen und Herren und legen sich so richtig ins Zeug. Ganz ehrlich: „*Forget it!*"

Heute weiß ich, dass das Tor zur Motivation von jedem Einzelnen nur von innen heraus geöffnet werden kann. Für mich steht fest: Niemand kann jemand anderen motivieren. Das kann nur jeder selbst. Es braucht den inneren „*Call*". Darunter verstehe ich, die eigentliche Berufung zu finden, seiner eigenen Motivation auf die Spur zu kommen. Allerdings schafft man das nur durch die richtigen Fragen.

- Was treibt mich an?
- Was gibt mir Energie?
- Woraus beziehe ich meine Kraft?
- Wo liegt meine wahre Leidenschaft?
- Was macht mir wirklich Freude, und was bringt mein Herz zum Schwingen?
- Was ist meine Bestimmung?
- Worin liegt meine Einzigartigkeit?
- Warum tue ich, was ich tue?

*„Hat man sein Warum des Lebens,*
*so verträgt man sich fast mit jedem Wie."*

Friedrich Nietzsche, Götzen-Dämmerung: Sprüche und Pfeile

Wenn ich also den Sinn meines Lebens und Handelns erkannt habe, steuere ich fast automatisch auf das Ziel zu.

Die wichtigste Aufgabe im Leadership besteht deshalb für mich darin, Menschen zu unterstützen, ihre innere Stimme zu hören. Nur wer seine eigene innere Stimme hört – und damit meine ich nicht das laute und wertende Ego, sondern diese feine, aus dem tiefsten Inneren kommende Stimme – kann anderen helfen, die ihre zu hören.

In diesem Abschnitt möchte ich Sie einladen, begleiten und vor allem inspirieren, die hier vorgestellten Gedanken und Anregungen mit in Ihr Leben zu nehmen.

## LEAD HEARTS · SPEAK THE TRUTH · INSPIRE SOULS

Zu den wichtigsten Elementen erfolgreicher und geglückter Unternehmens- und Lebensführung gehören aus meiner Sicht die Themen Führung, Kommunikation und Inspiration.

Wussten Sie, dass:
- viele Unternehmer und Manager Menschen führen müssen, aber die wenigsten von Ihnen weder wissen, wie das geht, noch wie sie sich selbst führen?
- die Wissenschaft der Kommunikation oft als die Wissenschaft der Missverständnisse bezeichnet wird?
- man erst selbst brennen muss, um andere entflammen zu können? Wahre Inspiration bringt das innere Feuer zum Entflammen.

Führung hat in erster Linie mit Menschen zu tun. Und nur wer den Menschen (andere und sich selbst) versteht, kann dauerhaft erfolgreich sein.

## VON DER FREUDE ZUR WAHRHEIT ZUM ERFOLG?

Wie soll das funktionieren? Dort wo die Freude jedes Einzelnen ist, dort ist auch dessen ganz persönliche Wahrheit, und dort liegt auch die Quelle für den ultimativen Erfolg, der immer eine Folge von etwas ist, also ein Resultat, ein Ergebnis. Kurz: Erfolg ist das, was folgt, wenn man sich selbst folgt.

In der Wirklichkeit bestätigt sich leider oft das Gegenteil von Freude: Die immens gestiegenen Krankentage in Firmen (2015 waren es 17,6 Tage pro bundesdeutschen Arbeitnehmer) und die rapide Zunahme von Erkrankungen wie Depression oder Burnout unter Angestellten zeigen dies sehr deutlich.

Das Marktforschungsunternehmen Gallup misst jährlich den Motivationslevel und die Identifikation mit dem Arbeitgeber. Seit vielen Jahren liegt der Wert derer, die eine hohe Identifikation mit Ihrem Unternehmen haben, bei rund 15 Prozent. Nur jeder sechste ist mit ganzem Herzen dabei. Ist es nicht der blanke Wahnsinn, dass wir uns im schlimmsten Fall mit unserer Arbeit umbringen?

## "ARBEIT MACHT SPASS, ODER KRANK."

Ich möchte mit meinen Gedanken, nicht nur Ihren Kopf, sondern vor allem Ihr Herz berühren – nur dort ist echte Veränderung überhaupt erst möglich. Nur wenn Ihre innere Kraft immer stärker ist als jeglicher Druck von außen, werden Sie alle Herausforderungen erfolgreich und unbeschadet meistern.

Die Basis für Führung ist aus meiner Sicht die Fähigkeit, seine eigene Vorstellungswelt und die von anderen positiv zu verändern.

Erfolgreiche Kommunikation basiert nicht auf der Vermittlung von Fakten, Zahlen und vielen Worten, sie funktioniert in erster Linie über die Aktivierung unseres emotionalen Systems. Die meisten Teile unseres Gehirns können mit Worten und Zahlen nichts anfangen, schreibt der Neurowissenschaftler Prof. Dr. Gerd Gigerenzer in seinem Buch Bauchentscheidungen. Es handelt von der Intelligenz des Unbewussten.

Zur Inspiration sei hier nur so viel gesagt: Nach 35 Jahren Versuch und Irrtum behaupte ich heute, dass niemand in der Lage ist, jemand anderen dauerhaft zu motivieren. Dies kann jeder nur selbst. Das Tor zur Motivation, das jeder Mensch in sich trägt, lässt sich nur in eine Richtung öffnen: nach innen.

Wir können andere Menschen aber sehr wohl inspirieren, die Welt mit anderen Augen zu sehen, ihre Perspektive zu wechseln und ihre mentalen Landkarten neu zu schreiben.

Nur wenn das, was man tut, von Herzen kommt, und nur, wenn der Beruf aus der Berufung kommt, wird ein erfülltes

Berufs- und Privatleben erst möglich.

Ich will daran erinnern, daß es im Leben immer um uns selbst geht und das die Qualität unseres Lebens von der Qualität unserer Beziehungen abhängt – und daß wir selbst die wichtigste Bezugsperson in unserem eigenen Leben sind.

# LEAD
# HEARTS

# FÜHRUNG ODER: "START WITH THE MAN IN THE MIRROR"

*„Das meiste, was wir als Führung bezeichnen, besteht darin, unseren Mitarbeitern ihre Arbeit zu erschweren."*

Peter Drucker

Erfolg im Leben und im Business hat vor allem mit Menschen zu tun, und viel weniger mit Methoden, Unternehmen oder Marken. Lange war ich der festen Überzeugung, dass es die Produkte oder die besonderen Unternehmen seien, die besonders attraktiven Geschäfte und die großen und populären Marken. Doch die Wirklichkeit lehrt uns häufig etwas ganz anderes: Sind es nicht in erster Linie die Begegnungen mit den Menschen, die den Unternehmenserfolg ausmachen?

Aus eigener Erfahrung kann ich dies bestätigen. Selbst beim Einkauf im Supermarkt, der in der Regel nicht das emotionale Highlight der Woche darstellt, ertappe ich mich dabei, dem Lächeln der Mitarbeiterin an der Kasse nicht *„widerstehen"* zu können. Ich denke und fühle, dass mich dieser Mensch mag – und daher gehe ich wieder dorthin. So funktioniert – ganz vereinfacht und etwas plakativ – die Evolutionsbiologie.

Der Handel und das miteinander Geschäfte machen war schon immer von den Menschen geprägt. Somit hängt der Erfolg eines Unternehmens oder Geschäfts immer auch von der Qualität des zwischenmenschlichen Miteinanders ab, von der Qualität der Beziehungen. Die Qualität meiner Beziehungen definiert die Qualität meines Erfolgs – im Beruf wie im Privaten. Die wichtigste Beziehung ist jedoch die zu uns selbst.

Was macht denn wirklich erfolgreich, wenn nicht die Menschen? Was wäre Apple ohne Steve Jobs? Und was wäre Steve Jobs ohne seine Mitarbeiter, welche die Visionen ihres Chefs nicht nur verstehen, sondern auch in geniale und relevante Produkte und Lösungen übersetzen mussten?

Bei Apple lässt sich sehr gut erleben, wie sowohl die Inszenierung der Marke in den eigenen Stores als auch die Menschen, die dort arbeiten, dem Kunden ein einzigartiges Markenerlebnis vermitteln.

Aus meiner Erfahrung habe ich gelernt, dass es immer alle Ebenen im Unternehmen sind, die großartige und außergewöhnliche Dinge leisten – es braucht die besonderen Visionäre und Inspiratoren ebenso wie einen besonderen Geist im gesamten Team.

Die aus meiner Sicht vor uns liegende Dekade der Menschlichkeit fordert deshalb gerade in dieser Zeit neue Sichtweisen auf Führung, Teams und Unternehmenserfolg.

Mehr denn je gilt: Unternehmen, die Leistung fordern, müssen auch immer mehr Sinn bieten.

Ich bin absolut davon überzeugt, dass zukünftig nur die Unternehmen dauerhaft erfolgreich sein werden, denen es gelingt, die Herzen ihrer Mitarbeiter und Kunden für sich zu gewinnen.

Philosophisch ausgedrückt geht es darum, die Menschen in das Zentrum unserer unternehmerischen Handlung zu stellen und diese emotional zu berühren: „Kümmere Dich um Deine Mitarbeiter, dann kümmern diese sich um Deine Kunden."

Diese Sicht auf die Welt der Unternehmen ist die Grundlage der nachfolgenden Überlegungen zu meinem ersten *„Erfolgselement"* LEAD HEARTS – die Art von Führung, welche die Herzen der Menschen erreicht.

- Wie viele Führungskräfte haben Sie kennengelernt, von denen Sie begeistert waren? Oder gab es mehr negative Erfahrungen?
- Funktioniert die Firma trotz oder wegen ihres Managements?
- Warum verlassen Menschen Unternehmen aufgrund der Führungskräfte und Vorgesetzten?
- Wo lernt man eigentlich führen? An der Business School, auf der Universität, im Seminar?
- Wie gut ist Ihre Beziehung zu Ihren Mitarbeitern?
- Wie gut ist Ihre Beziehung zu Ihrem Partner?
- Wie gut ist Ihre Beziehung zu Ihren Kindern?
- Wie gut ist Ihre Beziehung zu sich selbst?
- Mögen Sie das Gesicht, das Ihnen morgens im Spiegel begegnet?

Wirkliche Führung beginnt immer mit der Person, die uns morgens im Spiegel begegnet. Eckhart Tolle formulierte hierzu einen sehr treffenden Gedanken: *„Wenn Du in den Spiegel schaust und Dir das, was Du siehst, nicht gefällt, dann wäre es doch verrückt den Spiegel anzugreifen. Doch genau das tust Du im Zustand des Nicht-Annehmens. Wenn Du das Spiegelbild angreifst, dann wehrt es sich. Wenn Du das Bild hingegen annimmst, ganz gleich wie es ausschaut, wenn Du freundlich zu ihm bist, dann kann es nicht unfreundlich zu Dir sein. Genau so änderst Du die Welt."* Führung heißt eben in erster Linie Selbstführung.

Fragen Sie sich:
- Wer bin ich?
- Was ist meine Aufgabe, meine Bestimmung?
- Was bringt mein Herz zum Schwingen?
- Warum tue ich eigentlich das, was ich tue?

Sind wir nicht alle der Kapitän auf unserem eigenen Schiff, das wir Leben nennen?

Visualisieren Sie Ihr Schiff:
- Ist es ein Segelschiff, ein Ruderboot oder eine Yacht?
- Welchen Kurs soll Ihr Schiff nehmen?
- Ist Ihr Schiff für die geplante „Reise" geeignet?
- Wird es den Wellen und Stürmen widerstehen?

*„Ein Schiff, das im Hafen liegt, ist sicher. Aber dafür werden Schiffe nicht gebaut."*
unbekannter Autor

## FÜHRUNG IST VOR ALLEM SELBSTFÜHRUNG

Viele Menschen investieren leider mehr Zeit in ihre Urlaubs-
planung als in ihre Lebensplanung. Haben Sie eine klare
Vorstellung, eine Vision Ihres eigenen Lebens? Einstein
formulierte es so: *„Phantasie ist wichtiger als Wissen, denn
Wissen ist begrenzt."*

- Sind Sie sich Ihrer Selbst bewusst?
- Welche Werte sind Ihnen wichtig?
- Wie weit und vor allem wie konkret ist Ihre eigene
  Vorstellungskraft?
- Warum stehen Sie morgens auf?
- Warum soll das andere Menschen inspirieren?
- Liegt das Glück nicht auf Ihrem Weg?
- Was würde Ihr Leben zu einem großartigen Leben
  machen?
- Was bedeutet ein erfülltes Leben für Sie?
- Haben Sie konkrete qualitative und quantitative Ziele?
- Wenn Sie ein Bild über Ihr Leben zeichnen würden,
  was würde der Betrachter sehen?

Meine Lieblingsaussage lautet in diesem Zusammenhang:
*„Ohne Ziel stimmt jeder jeder Weg."*

Ich bin absolut davon überzeugt, dass es in Bezug auf Führung
„nur" um zwei Kernelemente geht: Selbstführung / Selbstverantwortung sowie eine verbindliche und eindeutige Zielsetzung. Die
klare Zielformulierung sollte eigentlich der leichtere Schritt sein.

# EMOTIONEN HABEN DAS ERSTE UND DAS LETZTE WORT

Nutzen Sie Ihren inneren Kompass, Ihr Emotionales Positionierungssystem (EPS). Interessanterweise vertrauen wir unserem Navigationssystem, dem GPS im Auto, fast blind, und zahlen dafür oft noch einen Aufpreis. Wir sind aber mehr als skeptisch, wenn es darum geht, unser EPS zu nutzen, dass wir – by the way – bei unserer Geburt ohne Aufschlag einfach mitgeliefert bekommen.

Vielleicht wurde es uns einfach abtrainiert, damit zu arbeiten. Vielleicht können wir es in vielen Fällen nicht mehr richtig nutzen, weil unsere Vorstellungskraft etwas ganz anderes signalisiert. „So einfach geht das nicht", denken wir. Gleichzeitig sind wir getrieben von Angst, Zweifeln und negativen Gedanken, die jedoch oftmals nichts anderes sind als mögliche Vorstellungen und Illusionen über die Zukunft.

Von Tolle lernen wir, dass wir mit dem gegenwärtigen Moment immer zurechtkommen können, jedoch nicht mit etwas, dass nur die Projektion des Verstandes ist, nämlich einer möglichen Zukunft. Der Verstand erschafft eine Besessenheit von der Zukunft als Flucht vor der möglicherweise unbefriedigenden Gegenwart.

Der Glaube an sich selbst ist enorm wichtig, er wird zum Fundament der eigenen Lebensführung. Niemand kann Ihren Weg bestimmen, das können nur Sie selbst. Vertrauen Sie sich selbst und Ihrer Intuition.

*„Ob Sie glauben, dass Sie es schaffen, oder ob Sie glauben, dass Sie es nicht schaffen; in beiden Fällen haben Sie recht."*

Henry Ford

## IF YOU LOOK FOR EXCUSES, YOU WILL FIND THEM

In der Psychologie nennt man dies den Effekt der *„Self-fulfilling prophecy"*. Unsere Erwartungen gegenüber einer Sache beeinflussen unser Verhalten so, dass unsere Erwartungen erfüllt werden. Dies ist nicht zuletzt unserer Neigung der *„selektiven Wahrnehmung"* und des *„confirmation bias"* geschuldet.

Wir sprechen in diesem Zusammenhang vom Bestätigungsfehler – oder wir hören nur, was wir hören wollen. Eine vorgefasste Meinung wird oft beibehalten. Sie lässt uns eher bzw. nur die Dinge wahrnehmen, die mit unseren Erwartungen konform sind, während gegenläufige Signale gern ignoriert werden.

Führung heißt, Verantwortung zu übernehmen. In diesem Begriff steckt auch das Wort „antworten". Ich brauche vor allem Antworten für das eigene Leben. Ganz entscheidend ist meine innere Einstellung: Bin ich von der Angst getrieben, dass morgen alles schlechter wird? Dann wird mein Verhalten darauf ausgerichtet sein, heute möglichst viel für mich abzubekommen. Oder glaube ich an eine Welt, in der morgen alles besser wird? Erst dann kann ich frei agieren und aus dem eigenen Vertrauen meine Kraft schöpfen. Und erst dann finde ich die positiven Antworten.

Denken Sie immer daran: Unsere Gedanken formen unseren Geist, dieser formt unseren inneren Fokus, und dieser formt wiederum die Ergebnisse. Ihr Glaube, dass es immer einen besseren Weg gibt, wird Sie diesen Weg auch finden lassen.

Wer führen will, sollte eine eigene Vision haben. Dabei handelt es sich nicht um eine Fata Morgana oder eine Krankheit, sondern lediglich um ein Bild von einer besseren Zukunft.

- Wie sehen Sie Ihr Unternehmen in einigen Jahren?
- Was sagen die Menschen über Sie?
- In welchem Umfeld arbeiten Sie?
  Wie sieht es dort aus? Wie fühlt es sich an?
- Wo sehen Sie sich?

Machen Sie eine Fotocollage, zeichnen Sie ein Bild oder beschreiben Sie Ihre Vision möglichst so, dass ein Dritter eine klare Vorstellung davon erhält. Als Hilfestellung bei der Formulierung und Konkretisierung Ihrer Vision fragen Sie sich:

- Welches Bild sehe ich für mich, für meine Familie, mein Team, mein Unternehmen?

Einigen hat auch die Aufgabe geholfen, ihre eigene Grabrede zu schreiben. Wie soll man sich an Sie erinnern und warum? Oder Sie schreiben die Laudatio zu Ihrem 80. Geburtstag.

Das Leben, Ihr Leben, braucht eine starke und vor allem positiv emotionale Geschichte.

- Wie wurde das Wissen über Generationen hinweg weitergegeben, wenn nicht über Geschichten?
- Was ist Ihre Geschichte?
- Wer wird sie wem, wie erzählen?

Schreiben Sie Ihre eigene Geschichte, es geht um Ihre Vision und das konkrete Bild von ihrer zukünftigen Welt.

- Wie soll Ihr Modell für eine neue und bessere Welt aussehen?
- Welche Mission treibt Sie aus tiefstem Herzen an?
- Wie werden Sie Ihre Mission in die Tat umsetzen?

*„In uns selbst liegen die Sterne unseres Glücks."*
Heinrich Heine

Führung bedeutet aber auch klare Kommunikation, die sich an der Qualität der Reaktion, die sie auslöst, ablesen lässt. Entscheidend ist nicht, was gesendet wird, sondern immer nur das, was ankommt.

Führung heißt die Einstellung und das Verhalten von Menschen positiv im Sinne des Gesamten zu beeinflussen. Dabei geht es nicht um Transaktion, sondern um echte Transformation.

Führung verändert Zustände zum Besseren (idealerweise!). Es ist schon sehr anspruchsvoll, Verhalten verändern zu wollen. Dies wird aber nur dann dauerhaft gelingen, wenn wir es schaffen die Einstellung der Menschen zu verändern. Dazu ist es wichtig, zu wissen, warum sich Menschen so verhalten, wie sie es tun. Lassen Sie uns hierzu einen Blick in die Hirnforschung und Evolutionsbiologie werfen.

## DENKEN IST DIE VORAUSSETZUNG FÜR DAS HANDELN

Die Ursache unseres Handelns liegt immer im Denken. Was denken Sie? In unserer (Business-)Welt schauen wir vorzugsweise auf konkrete Resultate. Doch wie kommen diese eigentlich zustande? Unsere Resultate sind vor allem das Ergebnis unseres Verhaltens.

- Wie diszipliniert gehen Sie Ihre Aufgaben an?
- Wie bringen Sie sich in die Dinge ein?
- Wie ehrlich gehen Sie mit sich selbst und mit anderen um?
- Was tun Sie und wie verhalten Sie sich, wenn niemand zuschaut?

## WORIN BEGRÜNDET SICH UNSER VERHALTEN?

Unser Verhalten ist abhängig von der Art und Weise, wie wir denken. Finden wir immer eine Lösung, egal wie schwierig die Rahmenbedingungen auch sein mögen, oder denken wir vielleicht sogar das Gegenteil: „Oh Gott, das schaffe ich nie„ – „Immer bin ich der Looser" – „Das wird ja nie was ..." (habe ich oft beim Schreiben dieses Buches gedacht).

Die Wissenschaft spricht hier von der sogenannten Referenzerfahrung – den inneren Bildern. Dies gilt sowohl im Positiven als auch im Negativen. Dazu ein interessantes Experiment: Das Forscherteam Ute Bayer und Peter M. Gollwitzer von der Universität Konstanz führten ein spannendes Kurzzeit-Experiment durch: Bereits nach einer dreiminütigen Beeinflussung mit positiven Bildern erzielte die Testgruppe in einem Mathematiktest ein um 53 Prozent besseres Ergebnis als die Kontrollgruppe. Also denken wir doch lieber positiv, oder?!

Doch was beeinflusst eigentlich unser Denken? Maßgeblich sind es unsere Gefühle. Unsere Gefühle filtern die Art, wie wir denken.

- Wie fühlen Sie sich in diesem Moment? Stark und souverän, voller Selbstbewusstsein und Selbstvertrauen?
- Oder fühlen Sie sich schwach und abhängig von äußeren Einflussfaktoren, die Sie ohnehin nicht ändern können?

Es ist schon lange bekannt und erwiesen, dass Gefühle einen massiven Einfluss darauf haben, wie wir denken und handeln. Wenn ich mich schwach fühle, werde ich wohl kaum die richtige

Energie und Zuversicht aufbringen, um einen wichtigen potenziellen neuen Kunden anzurufen oder genau in diesem Moment die Lösung für ein schon lange bestehendes Problem zu finden. Mein Tipp für die Momente, in denen Sie sich schwach fühlen: Hören Sie sich einen positiven Song an. *„There can be miracles when you believe"*, lehrten mich Whitney Houston und Mariah Carey.

## WOHER KOMMEN DIESE GEFÜHLE?

Warum fühlen wir uns genau in diesem Moment so, wie wir uns fühlen? Unsere Gefühle sind das Ergebnis unserer Emotionen. Ja, richtig gehört, das ist nicht das Gleiche. Die Emotionen werden in der Wissenschaft oft als *„Energien, die uns bewegen"* beschrieben: E-motion (*„energy in motion"*).

Emotionen sind die Energien, die uns im wahrsten Sinne des Wortes unter die Haut gehen. Emotionen haben immer eine körperlich wahrnehmbare Dimension wie Gänsehaut, Schweiß an den Händen, Muskelspannung, Erweiterung oder Verengung der Pupillen, schnellere Atmung oder eine erhöhte Herzfrequenz.

Wie wir im Nachfolgenden noch deutlicher sehen werden, produziert unser Körper – je nach geistiger oder physischer Verfassung – entsprechende Botenstoffe, die als emotionale Signalketten unser Fühlen, Denken und somit unser Verhalten beeinflussen.

Der britische Neurowissenschaftler Dr. Alan Watkins beschreibt dieses Konzept unter seiner Fragestellung *„How to be brilliant every day"* sehr anschaulich.

## ERFOLG KOMMT VON VERSTEHEN

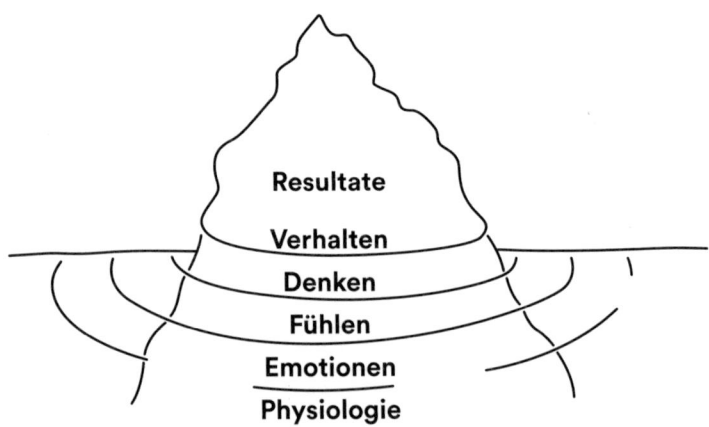

Resultate

Verhalten

Denken

Fühlen

Emotionen

Physiologie

Darstellung nach Alan Watkins: Being Brilliant Every Single Day.

Unsere Emotionen stehen nach Watkins in unmittelbarer Verbindung zur Physiologie. Das heißt, wenn wir auf emotionaler Ebene etwas verändern wollen, können wir immer auf unseren Körper „zurückgreifen".

So ist es beispielsweise möglich, sich bei einer hohen und sehr schwankenden Herzfrequenz, die durch Stress ausgelöst wurde, auf seinen Atem zu konzentrieren und ein bis zwei Minuten bewusst auf das rhythmische, gleichmäßige und tiefe Ein- und Ausatmen zu achten. Bereits nach kurzer Zeit wird die „Herzfrequenzvariabilität" wieder in einem Normalzustand stabilisiert.

Ich bezeichne unseren Körper gern als unseren besten Freund, der immer bei uns ist und uns aus besonders „emotionalen" Situationen heraushelfen kann. Kümmern wir uns um ihn, pflegen wir ihn und – noch wichtiger – hören wir auf ihn.

Denken Sie daran, wie Sie völlig abgespannt nach Hause kommen und schwer mit sich kämpfen, ob Sie sich jetzt wirklich noch die Joggingschuhe anziehen und laufen gehen wollen. Hand aufs Herz: Immer wenn Sie es tun, haben Sie anschließend bessere Laune als ohne Sport und Bewegung – aber das wissen Sie selbst.

Unser Körper mixt unsere eigene „Biochemie" und Sie haben es durch die Art und Weise, wie Sie Ihren Körper und Geist benutzen, in der Hand, diesen Cocktail so anzureichern, dass Sie sich idealerweise richtig gut und großartig fühlen.

Ich kann dies aus sehr vielen eigenen Erfahrungen bestätigen. Insbesondere dann, wenn ich wieder einmal in einem richtig tiefen Emotionsloch sitze, nutze ich die Therapie der starken körperlichen Beanspruchung. Ich gehe immer gestärkt daraus hervor, auch wenn ich mit meinem inneren Schweinehund zuvor einige Kämpfe auszufechten hatte.

Emotionen haben also eine starke körperliche Komponente und werden deshalb hauptsächlich im Körper wahrgenommen. Starke Emotionen rufen Veränderungen in der Biochemie des Körpers hervor. *„Schmerz kann sich nur von Schmerz ernähren. Schmerz kann sich nicht von Freude ernähren. Die ist für ihn ziemlich unverdaulich."* So formuliert es in treffender Weise Eckhart Tolle in seinem Buch Jetzt.

Meine Erkenntnis daraus heißt, den Schmerz durch Freude ersetzen. Unsere Emotionen werden in der Wissenschaft auch oft als unser Autopilot bezeichnet, der uns durch unser Leben steuert und unser Handeln in bestimmten Situationen ganz eigenständig vorbereitet – insbesondere dann, wenn es ganz schnell gehen muss.

Ein Gefühl der Angst bereitet unseren Körper darauf vor, zu kämpfen oder zu fliehen. Das Blut geht also entweder in die Arme, wenn Zorn und Wut dazukommen, oder direkt in die Beine, damit diese im Zweifel schneller weglaufen können. Dem affektiven, also emotionalen Moment der Wahrnehmung folgt immer der kognitive bzw. der bewusste und interpretierende Teil.

Dabei handelt es sich in der Regel um mögliche Bedrohungen (Gefahr), oder um eine Gelegenheit (Essen und Trinken, Sexualpartner, Sozialität). Da die Bedrohung von viel höherer Relevanz für das Überleben unserer Spezies ist, sind diese Impulse logischerweise auch viel stärker verankert und aktiviert.

Damásio hat übrigens die Denkschule des René Descartes völlig auf den Kopf gestellt, von dem der Satz stammt: *„Ich denke, also bin ich."* Damásio postuliert: Nicht weil wir denken, sind wir Menschen, sondern weil wir fühlen können.

*„Der Motor der Vernunft sind die Emotionen."*
António Damásio

Es gibt keinen Homo oeconomicus, also den Menschen, der nur nach seinem eigenen rationalen Vorteil sucht. Nicht etwa, weil er ausgestorben wäre – es hat ihn einfach nie gegeben. Damásio sagt weiterhin, dass wir *"Fühlsysteme (sind), die auch ein wenig denken können."* Die Emotionen sind dafür verantwortlich, dass wir als Spezies überlebt haben. Evolutionär betrachtet sind fast alle relevanten biologischen Systeme auf Erhalt des eigenen

Organismus und der Spezies angelegt. Und Emotionen toppen hierbei alles.

Wenn wir unsere Ergebnisse ändern wollen, dann müssen wir zunächst unser Verhalten ändern. Dies werden wir aber erst dann tun, wenn wir auch denken, dass unser Vorhaben eine positive Sache ist, für die sich der Einsatz wirklich lohnt. Dauerhafte Verhaltensveränderung funktioniert also nur dann, wenn es uns gelingt, unsere Einstellung und unser Denken zu verändern. Was wir hierfür brauchen, ist die entsprechende Kongruenz, die Übereinstimmung unserer Emotionen und unserer Gefühle. Zunächst muss es sich *„richtig"* anfühlen, anschließend brauchen wir die positive Rückbestätigung von unserem denkenden Verstand.

Gleichzeitig sind wir wieder bei unseren Emotionen und damit bei unserer Körperlichkeit. Einerseits haben wir in den meisten Fällen unsere *„Kondition"* und emotionale Verfassung selbst in der Hand, andererseits sind wir viel mehr von unseren Emotionen abhängig, als wir uns das als Verstandeswesen manchmal eingestehen möchten und wünschen würden. Der amerikanische Journalist und Autor des Buches „Das soziale Tier", Dave Brooks, beschreibt das so: *„Unser ICH ist so eine Art Regierungssprecher, der Entscheidungen interpretieren und legitimieren muss, deren Gründe und Hintergründe er aber gar nicht kennt und an deren Zustandekommen er nicht beteiligt war."*

# MIT DER RICHTIGEN BIOCHEMIE WIRD'S RICHTIG GUT

Wie bereits beschrieben, wird unsere Wahrnehmung maßgeblich durch die körpereigene Biochemie beeinflusst. Der Austausch zwischen den Synapsen unserer Nervenzellen erfolgt biochemisch. Die körpereigenen Botenstoffe, die Neurotransmitter bestimmen die jeweilige individuelle Wahrnehmung.

Übrigens, wenn wir in diesem Zusammenhang über das Thema Zielgruppen diskutieren, dann kann ich aus den wissenschaftlichen Erkenntnissen in erster Linie erkennen, ob es sich beim Denkprozess um einen Mann oder eine Frau handelt. Denn wenn es wirklich einen großen Unterschied im menschlichen Hormonhaushalt gibt, dann den zwischen Männern und Frauen.

Für die Wirtschaft und insbesondere für die Konsumgüterindustrie und den Handel ist dieser Aspekt von höchster Bedeutung, da mehr als 85 Prozent aller Kaufentscheidungen (und wahrscheinlich 100 Prozent aller Lebensentscheidungen) von Frauen getroffen werden.

Was passiert also im Körper, wenn Sie sich unter Druck und richtig gestresst fühlen? Ihr Frühwarnsystem in Ihrem Gehirn (die Amygdala, unser Angstzentrum und unser Gefahrenmelder) wird alarmiert und veranlasst, dass in Ihrem Körper vermehrt Cortisol ausgeschüttet wird.

Das Überleben des eigenen Biosystems wird zur wichtigsten Aufgabe. Wir spüren wahrscheinlich unser Herz rasen, die körperliche Anspannung will sich entladen. Was macht man mit dem vielen Cortisol im Blut, während man im Büro am Schreibtisch sitzt? Wegrennen? Den Chef verprügeln? Oder alles einfach in sich *"hineinfressen"*?

Menschen unter Druck aktivieren körpereigene Notfallprogramme im Gehirn. Sie versuchen, ihr Problem durch Angriff und Aggression zu lösen, wenn dies nicht gelingt, durch Flucht, und wenn beides nicht funktioniert, durch ohnmächtige Erstarrung. So zumindest beschreibt es der Hirnforscher und Neurobiologe Prof. Dr. Gerald Hüther.

- Wie oft waren Sie schon in ohnmächtiger Erstarrung?
- Wie haben Sie sich dabei gefühlt?
- Wie ist das bei Ihrem Team und Ihren Mitarbeitern?

Mitarbeiter in ohnmächtiger Erstarrung nenne ich auch gern die *„Unsichtbaren"*: Bloß nicht auffallen, bald ist Feierabend, übermorgen endlich wieder Wochenende.

Wenn Ihr eigenes Gehirn oder das Ihrer Mitarbeiter in diesem Notfallprogramm ist, können Sie nichts anderes erwarten als diese drei Optionen: Angriff, Flucht oder Schockstarre. Für mich ist das – einfach ausgedrückt – die größte Form der Wertevernichtung: Unser *„System"* schaltet ab, und wir müssen lernen, wie wir es bei uns und bei unserem Team in Beruf und Familie wieder in Gang bringen.

Cortisol im Blut bedeutet, dass unser denkender Verstand – der präfrontale Cortex – vorübergehend abgeschaltet wird, die intellektuelle Auseinandersetzung mit dem Säbelzahntiger hat unsere Evolution nicht vorgesehen.

Unsere biologisches System funktionert eben immer noch genau so, wie bei unseren Vorfahren vor mehr als 100.000 Jahren. Körperliche Erfahrungen haben eine ganz direkte und unmittelbare Auswirkung auf unsere Wahrnehmung. Die Wissenschaft spricht in diesem Zusammenhang von *„embodied cognition"*.

Einen Verbündeten – und das vergessen wir allzu gern – haben wir in solchen Situationen immer: unseren Körper. Die Physiologie ist der Schlüssel für die emotionale Befindlichkeit des Menschen. Statt Flucht, Angriff oder Schockstarre nutzen wir unsere körpereigenen Kräfte.

- Konzentrieren Sie sich für zwei Minuten auf Ihren Atem: Tief ein- und ausatmen – ein und aus – ein und aus.
- Pro Atemzug sollten Sie vier bis sechs Sekunden verstreichen lassen. Achten Sie auf Ihre Haltung, gerade aufsetzen, Schultern nach hinten und Kopf gerade. Spüren Sie, wie Sie wieder ruhiger werden? Nun können Sie das Ruder Ihres „Lebensschiffes" wieder konzentriert in die Hand nehmen.
- Als Alternative zum Atmen können Sie einen kurzen Spaziergang im Grünen machen. Die natürliche Umgebung mit all ihrer Schönheit wird Sie auf andere Gedanken bringen. Seien Sie achtsam, gehen Sie langsam, achten Sie auf die vielen kleinen Dinge: die blühende Pflanze, den Schmetterling oder das besondere Blau des Himmels.
- Blättern Sie im A–Z der Dekade der Menschlichkeit ab Seite 165. Lassen Sie sich von einem dieser positiven Gedanken inspirieren.
- Manchmal reicht auch schon ein Wechsel unserer aktuellen Perspektive – setzen Sie sich doch einfach einmal auf die andere Seite Ihres Schreibtisches! Sie sehen von dort Ihre Welt mit anderen Augen.

Das Verständnis für den eigenen Körper und seine grundsätzliche Funktionsweise ist nicht nur extrem spannend, sondern auch eine Schlüsselaufgabe in Bezug auf Führung und Selbstführung. Daran werde ich Sie im Abschnitt *„Inspiration"* noch einmal erinnern bzw. diesen Aspekt dort weiter vertiefen.

Neben der Dimension der *„Körperlichkeit"* eigener Führung brauchen wir die richtige *„innere"* Einstellung, also das entsprechende mentale Fundament.

# WIE WIR DIE WELT SEHEN, SO ERSCHEINT SIE UNS

Wir haben gelernt, dass wir unsere Resultate aufgrund unseres Verhaltens erreichen, und unser Verhalten wird maßgeblich davon bestimmt, wie wir die Welt sehen.

- Welche geistigen Landkarten haben Sie im Kopf?
- Ist für Sie das Glas eher halbvoll oder halbleer?
- Wollen Sie immer Recht haben oder möchten Sie lieber ein glückliches Leben führen?
- Welche Werte sind Ihnen wichtig?
- Wie ist Ihre innere Einstellung zum Job, zum Leben, zur Welt?

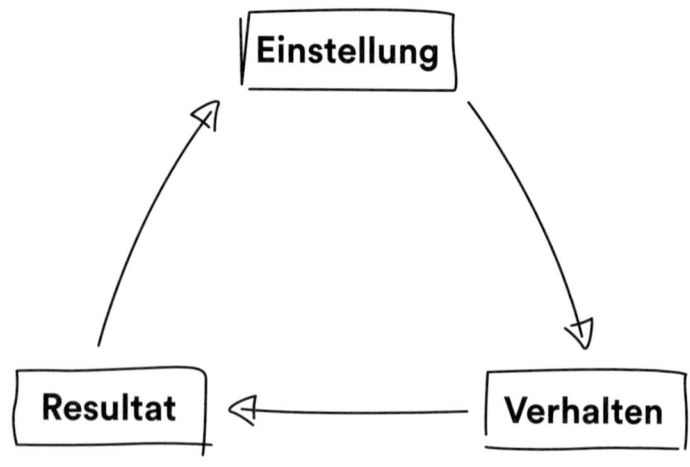

„*Die Zukunft ist weit offen. Sie hängt von uns ab; von uns allen.*
*Sie hängt davon ab, was wir und viele andere Menschen tun und tun*
*werden; heute und morgen und übermorgen. Und was wir tun und*
*tun werden, das hängt wiederum von unserem Denken ab; und von*
*unseren Wünschen, unseren Hoffnungen, unseren Befürchtungen.*
*Es hängt davon ab, wie wir die Welt sehen; und wie wir die weit*
*offenen Möglichkeiten der Zukunft beurteilen.*"
Karl Popper

Ich empfinde diesen Gedanken als extrem spannend und
relevant, denn heute wissen wir, dass unser Gehirn eine
Erinnerungsmaschine ist. Wir können die Welt gar nicht so
sehen, wie sie ist, sondern immer nur so, wie wir sind – das heißt,
durch den Filter unserer Erlebnisse und Erfahrungen.

Welche Erlebnisse und Erfahrungen haben wir wann, wo, wie, mit wem und vor allem mit welcher emotionalen Qualität erlebt? All das spielt eine extrem wichtige Rolle in der Wahrnehmung unserer subjektiven Wirklichkeit.

Wir sind Beides, die Saat und die Ernte. Die Welt, die uns umgibt, ist in uns selbst, und sie ist so, wie sie ist, weil wir so sind, wie wir sind.

Fatalerweise hinterlassen insbesondere die negativen Emotionen starke Erinnerungsmuster in unserem Gehirn. Diese emotionalen Fußabdrücke entscheiden darüber, wie wir die Welt sehen. Wenn aber das Einzige, was wirklich Bestand hat, der Wandel ist, ist es dann klug, mit den gestrigen Erfahrungen und vermeintlichen Erfolgsstrategien das Heute zu gestalten – und, schlimmer noch, auch das Morgen?

Ein schönes Beispiel aus der Psychologie ist das Phänomen der „gelernten Hilflosigkeit", das ich hier am Beispiel der selbst erlebten Geschichte vom Elefanten erzählen möchte:

Im Alter von etwa zehn Jahren war ich mit meinem Vater im Zirkus – das war aufregend! Vor der eigentlichen Zirkus-vorstellung durften wir uns die Tiere anschauen. Mir fiel der riesige Elefant auf, der an einem kleinen Pfosten befestigt war. Ich konnte gar nicht glauben, dass dieses große und starke Tier sich nicht einfach losriss und seines Weges ging.

Also fragte ich meinen Vater, warum der Elefant nicht ein-fach wegläuft. Er erklärte mir, dass dieser Elefant auch mal ein kleiner Babyelefant war, und das man dieses Baby an einem kleinen Pfahl angebunden hat: Der kleine Elefant versuchte Tag für Tag, sich von diesem Pfahl zu befreien, aber es gelang ihm einfach nicht. Nach Wochen des Versuchens gab der kleine Elefant auf und gelangte zu der Überzeugung, dass er einfach nicht stark genug sei, um sich zu befreien.

So vergingen die Jahre, der kleine Elefant wurde groß und stark, aber er hat seit seinen Kindertagen nie mehr versucht, sich von diesem Pfahl zu befreien. Ich habe die Geschichte nie vergessen und heute weiß ich, dass man dieses Verhalten im Fachterminus als *„gelernte Hilflosigkeit"* bezeichnet.

## NOTHING WORKS UNTIL YOU DO

- Wie viele dieser Pfähle gibt es in Ihrem Leben?
- Rütteln Sie an diesen vermeintlichen Barrieren, oder am besten reißen Sie diese einfach aus. Denn vielleicht sind Sie mittlerweile so stark wie der große Elefant, aber erkennen es gar nicht.

Wussten Sie, dass die meisten von uns nicht scheitern wollen und es deshalb erst gar nicht versuchen? Niemand will freiwillig Fehler machen. Das scheint mir eine der wirklich großen Tragödien im Leben vieler Menschen zu sein. Als kleine Idee möchte ich Sie anregen zukünftig das Wort *„Fehler"* mit dem Wort *„Lernen"* zu ersetzen, Sie haben keinen Fehler gemacht, sondern Sie haben etwas gelernt.

Plötzlich fühlt sich das doch schon ganz anders an. Unser Leben ist eine Art Ganztagsschule ohne Ferien, und es geht im Leben um das Meistern derselbigen – und dazu gehört eben das lebenslange Lernen. Nicht festhalten, nicht klammern, sondern im Ur-Vertrauen dem natürlichen Fluss des Lebens folgen.

Das ist vielleicht eine der größten Herausforderungen in unserem Leben: Loslassen und Zulassen, offen sein gegenüber Allem, nichts festhalten und sich nicht von Dingen abhängig machen, die uns nicht dauerhaft glücklich machen.

*„Wenn Du an einem Punkt festhälst und Widerstand leistest,*
*bedeutet das, dass Du dich weigerst mit dem Fluss des Lebens zu*
*gehen und dass Du leiden wirst."*

Eckhart Tolle

Wer führen will, sollte regelmäßig nach innen schauen und ein klares Bewusstsein darüber erlangen, wie die eigenen Entscheidungen und Wahrnehmungen stattfinden. Altes zu wiederholen, ist immer einfacher, als Neues zu wagen. Letzteres erfordert Mut, die eigene Komfortzone zu verlassen. Viel Lebensglück liegt auf der anderen Seite der Komfortzone.

Fragen Sie sich von Zeit zu Zeit:
Was hält mich wirklich zurück?
Was macht mir Angst?
Woher kommen die Zweifel?
Was sind das für Gedanken in meinem Kopf?

Und dann entscheiden Sie sich jedes mal wieder für die Wahrheit und die Zuversicht. Ihre Bestimmung liegt auf der anderen Seite der Angst. Glauben Sie an sich und lassen Sie sich diesen Glauben von niemand nehmen. Ich weiß, dass dies unglaublich schwer ist – deshalb ist die Reise zu sich selbst auch die Reise des Helden.

Wir bewegen uns in unseren selbst geschaffenen mentalen Käfigen, wir denken in Limitierung und erkennen leider viel zu oft nicht, dass es die eigenen Grenzen sind, die kein anderer geschaffen hat als wir selbst, und das diese nur Illusionen sind. Glauben Sie bitte nicht alles, was Sie denken.

*„Das Glück Deines Lebens hängt von der Beschaffenheit*
*Deiner Gedanken ab."*

Marc Aurel

# VON DER FREIHEIT DER WAHL

Die eigentliche Freiheit, die wir als Menschen haben, ist die Freiheit der Wahl: Wir können uns in jedem Moment neu entscheiden. Wir können uns immer entscheiden, ob wir so weitermachen wie bisher oder eben nicht. Wir können unsere Einstellung zu jedem Bereich unseres Lebens jederzeit neu definieren. In jedem dieser Momente steckt zwischen dem äußeren Reiz und unserer Reaktion darauf die Freiheit der Wahl. Dies ist das große Geschenk an uns Menschen: unser freier Wille.

- Sie können nicht immer entscheiden, in welcher Situation Sie sich befinden. Sie können aber immer entscheiden, wie Sie sich dazu verhalten und wie Sie darauf reagieren.

Der österreichische Neurologe und Psychiater Viktor Frankl lehrt uns, dass es Situationen gibt, die wir nicht mehr ändern können, jedoch können wir unsere Einstellung zu dieser Situation verändern. Frankl verarbeitete seine Eindrücke und Erfahrungen in den Konzentrationslagern der Nazis in seinem Buch „...trotzdem JA zum Leben sagen." Dieses Werk wurde neun Millionen Mal verkauft – und ich kann Ihnen dieses Buch wirklich empfehlen.

*„Sinn kann nicht gegeben werden, sondern muss gefunden werden."*
Viktor Frankl

*„Es ist keine Schande, sein Ziel nicht zu erreichen, aber es ist eine Schande, kein Ziel zu haben."*
Viktor Frankl

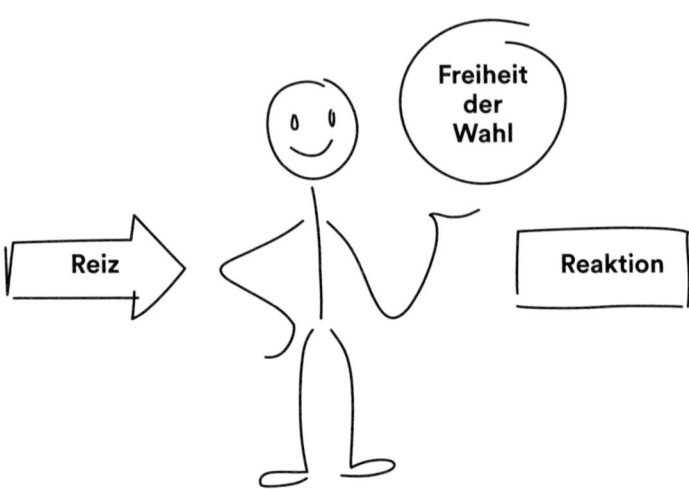

Zwischen Reiz und Reaktion besteht immer die Freiheit der Wahl.

Wenn wir die Art verändern, wie wir die Welt sehen, dann verändern wir auch die Welt. Dies geht aus meiner Sicht recht einfach: Verantwortung für das eigene Leben übernehmen, entscheiden, eine Wahl treffen und danach handeln. Freiheit ist unser Wille, Verantwortung zu übernehmen – und dies beginnt immer bei der Selbstverantwortung: Ich bin das Ergebnis meiner Entscheidungen und eben nicht das Resultat von äußeren Bedingungen. Wir sind nicht Opfer, sondern „Bestimmer". Wir sind das Ergebnis der von uns getroffenen Entscheidungen.

Hier sei auf den Unterschied zwischen Persönlichkeit und Charakter verwiesen: Für mich ist die Persönlichkeit so etwas wie ein Baum, und der Charakter das entsprechende Wurzelwerk. Was ist wohl wichtiger?

Baum (Persönlichkeit) mit Wurzel (Charakter)

Ich denke, dass es unser Wurzelwerk ist, denn das sind wir im Wesen – und darauf sollten wir unsere volle Aufmerksamkeit lenken.

Was unterscheidet Charakter und Persönlichkeit?

Beobachten Sie sich selbst und andere:
- Wie ist Ihr Verhalten, wenn niemand zusieht?
- Was tun Sie im „Dunklen"?
- Stehen Sie zu dem, was Sie sagen?
- Leben Sie nach Ihren eigenen Werten?
- Wie steht es mit der Integrität und Ehrlichkeit vor allem sich selbst gegenüber?

Jeder kann glänzen, wenn die Sonne scheint – der Umgang mit Erfolg ist eben immer einfacher. Doch genau hier liegt die Chance, oder die Kunst: Auch zu glänzen, wenn die Sonne einmal nicht scheint, wenn die Bank die Überziehungslinie streicht, Ihre Kunden sich gerade für Ihren Wettbewerber entschieden haben und es zuhause wieder einmal mächtig kriselt. Wahrer Charakter zeigt sich viel schneller in Schattenzeiten.

Mir gefällt in diesem Zusammenhang auch das Bild vom Schiff in rauer See. Stehen wir dann unseren Mann / unsere Frau und halten das Ruder fest im Griff, oder sind wir mit der eigenen Mannschaft unter Deck und hoffen auf besseres Wetter?

Rückbesinnend können wir feststellen, dass die „alten" Tugenden nichts an Bedeutung und Gültigkeit verloren haben. Der Dichter Aischylos schrieb bereits 467 v. Chr. über sie. Platon nennt die vier wesentlichen Tugenden:

Besonnenheit, Gerechtigkeit, Klugheit und Tapferkeit.

Die 4 Tugenden:

Besonnenheit, Gerechtigkeit, Klugheit, Tapferkeit

Hand aufs Herz: Benehmen wir uns wirklich immer besonnen, gerecht, klug und tapfer, oder rutschen wir doch ganz schnell in bestimmte Muster, die wir uns irgendwo abgeschaut haben in der Meinung, dass es für uns bestimmt mal die eine oder andere Ausnahme geben wird?

Manchmal erschrecke ich selbst, wie alt und gleichzeitig aktuell diese Erkenntnisse sind, und wie schwer es bis heute (auch für mich) ist, diese in die tägliche Praxis zu übertragen. Führung heißt für mich aber auch die Bereitschaft, Risiken einzugehen. Denn das größte Risiko im Leben ist ein risikofreies Leben!

**Befragen Sie die älteren Menschen in Ihrem eigenen Umfeld. Lesen Sie Biografien von Menschen, die Sie beeindrucken oder beeindruckt haben – die Botschaft ist häufig sehr ähnlich.**

Die meisten Menschen bedauern nicht, was sie getan haben, sondern meistens das, was sie nicht getan haben. Und in der Tat ertappe ich mich oft in Situationen, in denen ich zögere, zaudere oder Angst habe, etwas zu verlieren.

## LIEBER EIN BEKANNTES ELEND ALS EINE UNBEKANNTE FREUDE

Aus meiner Sicht und Erfahrung kann ich sagen, dass es relativ normal ist, dass die menschliche Angst, etwas zu verlieren, viel größer ist als die Vorfreude auf etwas Neues. Die Gründe hierfür liegen in unserer evolutionären Geschichte als homo sapiens.

Die Verlustaversion dominiert überdeutlich die in Aussicht gestellte Belohnung. Das erleben Sie, wenn Sie etwas verkaufen wollen und ihre eigene Wertvorstellung auf der Käuferseite überhaupt nicht reflektiert wird.

Es ist eine herausfordernde Aufgabe mit diesen Ängsten und Zweifeln aktiv umzugehen, aber ich bin überzeugt, dass es sich lohnt. Denn immer dann, wenn es mir gelungen war, die Angst zu überwinden, wurde ich mit etwas Schönerem oder Besserem belohnt: Mal war es die neue Aufgabe im Beruf, mal die besondere Begegnung mit einem wertvollen Menschen.

Was hält uns zurück? Rocken wir gemeinsam die Welt! Es gibt eigentlich nichts zu verlieren. Nichts Wahres kann von Dir genommen werden, sagen die Philosophen. Ganz im Gegenteil: Wir können nur gewinnen. Und im „worst case" gilt der kluge Satz:

*„Wenn Du verlierst, verlier nicht, was Du daraus lernst ..."*
aus den 19 Weisheiten des Dalai Lama

Erinnern Sie sich in wichtigen Momenten immer daran, dass es die eigenen Zweifel sind, die Sie davon abhalten, Ihre kühnsten Träume zu verwirklichen. Zweifel und Ängste sind das Krebsgeschwür aller Träumer. Und diese Welt braucht mehr Träumer! Hier sind wir bei einem ganz zentralen Thema der Führung: einfach machen. Der Schlüssel der Führung liegt definitiv in der Aktion. Aus meiner Sicht mangelt es unserer Welt nicht an ausreichenden Erkenntnissen, aber es mangelt ihr an der Tat. Nicht nur reden, sondern handeln und für das eigene Handeln die Verantwortung übernehmen. Erfolg hat drei Buchstaben: TUN.

Dazu ist es wichtig, zu verstehen, dass alles, was uns umgibt, immer zweimal erschaffen wurde: zum einen mental und zum anderen physisch. Alles was uns umgibt, war am Anfang nichts anderes als eine Idee. Die Idee von Menschen, die sich von Ihnen vielleicht gar nicht groß unterscheiden. Menschen, die nicht viel smarter waren als Sie selbst.

Die Welt braucht also beides: Vision und Aktion. Vision ohne Aktion ist nicht viel mehr als ein Traum, wohingegen Aktion ohne Vision auch schnell ein Albtraum werden kann. Vielleicht kennen Sie ähnliche Situationen, in denen alle ganz hektisch etwas tun, aber keinem so richtig klar ist, für wen wir etwas tun.

Ich denke dabei an das Bild einer Dschungelexpedition: Das ganze Team schlägt sich wie wild durch das dichte Pflanzenmeer bis einer auf die Idee kommt, auf einen Baum zu klettern, um zu überprüfen, ob die Truppe in der richtigen Richtung unterwegs ist. Oben angekommen stellt der Kletterer fest, dass sich das Team in die völlig falsche Richtung bewegt. Er ruft diese Feststellung seinen Kollegen zu, worauf diese zurückrufen: *„Ganz egal, wir kommen gerade so gut voran"*. Ohne Ziel stimmt eben jeder Weg.

Welche Zutat brauchen wir in Bezug auf Vision und Aktion denn am meisten? Ich behaupte: VERTRAUEN.

# DIE WAHRE WÄHRUNG HEISST VERTRAUEN

- Haben Sie Vertrauen ins Leben?
- Gehen Sie den ersten Schritt in neue Richtungen – persönlich oder beruflich – im Vertrauen darauf, dass der Schritt der richtige ist und es gut für Sie ausgeht?

Vertrauen hat aus meiner Sicht viel mit Ur-Vertrauen zu tun.

- Haben Sie das gelernt und erlebt?
- Wurde Ihnen das insbesondere in Ihrer Kindheit vorgelebt?
- Oder sind Sie ängstlich groß geworden – mit der Illusion und der Angst, dass Sie alles verlieren könnten, dass Sie ohne gewisse Dinge im Außen im Inneren niemals glücklich werden könnten?

Ganz ehrlich, ich kenne solche Gedanken und muss Ihnen gestehen, dass ich als Kind häufig ganz „schräg" gedacht habe – nämlich in der Form, dass ich mich auf eine Sache gar nicht richtig freuen wollte, weil ich Angst hatte, es würde eben doch nicht klappen. Dieses Muster oder dieser Glaubenssatz haftet heute noch in bestimmten Ecken meiner Persönlichkeit. Ich bin mir dessen bewusst, arbeite konkret daran und glaube, dass ich jeden Tag ein kleines Stückchen besser damit zurecht- und vorankomme.

Vertrauen ist nicht nur ein qualitatives Thema, sondern in erster Linie ein ganz großes betriebswirtschaftliches Anliegen. Nichts arbeitet schneller als Vertrauen. In einer Vertrauenskultur gibt es kurze Wege, schnelle Entscheidungen und ein entsprechend effizientes Arbeiten, was von der gemeinsamen Sache geprägt ist und nicht vom Egotrip Einzelner.

In einer Misstrauenskultur sind viele Abstimmungsschleifen und Entscheidungsprozesse nötig, Einigungen brauchen viel mehr Zeit und alle nachfolgenden Schritte werden dementsprechend langsam, aufwändig und teuer.

Vertrauen ist das Fundament einer jeden stabilen Beziehung, und auch hier gibt es wieder keine Differenzierung zwischen Ihrem privaten und beruflichen Leben.

Es ist das eine Element, das alles verändert und unser konstruktives und zielführendes Miteinander erst möglich macht. Vertrauen und Zutrauen sind ganz besondere Formen der Wertschätzung und Ausdruck von Bindung und Zugehörigkeit Menschen, denen man vertraut, entwickeln darüber hinaus ein deutlich stärkeres Commitment, und die Bindung wirkt gleichzeitig wie ein Beruhigungsmittel – ganz besonders in Zeiten großer Unsicherheit.

Vertrauen lässt sich mit der langsamen und langwierigen Entstehung eines riesigen Gletschers vergleichen, der unendlich tragfähig ist, aber infolge eines Klimawandels in nur einem Sommer dahinschmelzen kann. In diesem Zusammenhang könnte man auch vom Prinzip eines Vertrauenskontos sprechen. Ähnlich wie bei einem Bankkonto kann man einzahlen und abheben.

- Wie verhält es sich bei Ihnen mit den Einzahlungen und Abhebungen?
- Wie viel müssen Sie auf dieses Konto einzahlen, bevor Sie den Betrag abheben können?

Ich behaupte, dass es ein spezielles Umrechnungsverhältnis gibt, bei dem man deutlich öfter einzahlen als abheben muss. Ich empfehle für ein ausgeglichenes Konto, dass Sie für jede Abhebung mindestens fünfmal einzahlen sollten. Die Vertrauenswährung hat also ein Umtauschverhältnis von 1:5. Das heißt: Vertrauen von anderen zu erhalten, bedingt auch immer einen Vertrauensvorschuss. Insbesondere in allen persönlichen Beziehungen wird dies schnell verdrängt und vergessen.

- Beschützen und bewachen Sie das Vertrauen wie einen großen Schatz – es ist eines der wertvollsten Dinge, die Sie für ein erfülltes und erfolgreiches Leben benötigen.

*„Vertrauen ist eine Oase des Herzens, die von der Karawane des Denkens nie erreicht wird."*
Khalil Gibran

*„Es muss von Herzen kommen, was auf Herzen wirken soll.!*
Johann Wolfgang von Goethe

In Bezug auf die Mitarbeiterführung können wir Vertrauen auch mit dem Begriff der Sicherheit gleichsetzen: Menschen wollen und müssen sich sicher fühlen. Das ist unter anderem ein Aspekt unseres evolutionären Erbes. Die Zugehörigkeit zu einer Gruppe war für unsere Vorfahren so etwas wie eine Lebensversicherung heute; ohne Gruppe war das Überleben ziemlich unwahrscheinlich.

Diese Muster haben heute noch die gleiche Gültigkeit, und ich bin davon überzeugt, dass wir hier bei den meisten Unternehmen große Defizite vorfinden. Wie fühlen wir uns, wenn wir unsicher sind. Wie geht es uns, wenn wir nicht wissen, ob wir morgen noch unseren Arbeitsplatz oder unsere Stellung haben?

Was tun wir als Allererstes, wenn die Zahlen *„schwächeln"*, wenn die Ergebnisse nach unten aus dem Ruder laufen? Wir denken zum Beispiel beim Personal an die Kosten und nicht an den Fakt, dass unsere Mitarbeiter die zentralen Qualitätsfaktoren und die wichtigsten Erfolgsbausteine sind. Produktions- und Dienstleistungsunternehmen mit einem hohen Maß an Automatisierung mögen hiervon ausgenommen sein.

Aus unternehmerischer Sicht ist der folgende Gedanke relevant und hilfreich: Keiner Ihrer Kunden wird sich dauerhaft in der Zusammenarbeit mit Ihnen wohlfühlen, wenn sich Ihre Mitarbeiter nicht wohlfühlen. Auch wenn wir uns lieber über Zahlen, Daten und Fakten definieren – was wirklich zählt, sind die Softfacts. In der Regel ist es so, dass dort, wo die Stimmung stimmt, meistens auch das Geschäft stimmt.

## UNSERE EMOTIONEN BESTIMMEN UNSERE WAHRNEHMUNG

Wir sollten uns immer wieder daran erinnern, dass auf uns Menschen die drei gleichen emotionalen Kräfte wirken.

**1. Unsere Physiologie:**
Unsere körpereigene Biochemie, die Struktur unseres Körpers, die Atmung, die Ernährung und die Bewegung.

**2. Unsere Sprache:**
Die Worte, mit denen wir unsere Wahrnehmung beschreiben, bestimmen in besonders starkem Maße unsere Realität.

**3. Unsere Glaubenssätze:**
Unsere Werte, Vorstellungen und Identität erhalten wir durch die Glaubenssätze, die wir bewusst – oder in vielen Fällen auch unbewusst – immer wieder durch unseren Verstand wandern lassen.

Bleiben wir bei der Beobachtung und beim Erleben unserer Welt immer gewahr, dass diese Kräfte wirken. Allein durch das Wissen darum und die verstärkte Aufmerksamkeit darauf, gewinnen wir wertvolle Blickpunkte in der Einschätzung und Reaktion auf die jeweiligen Situationen. Allein der Gedanke *"Das schaffe ich, dafür finde ich eine gute Lösung!"* löst viele Probleme mit größerer Wahrscheinlichkeit. Ihre innere Zuversicht schafft äußere Fakten.

Jeder Ihrer Mitarbeiter ist eben auch Sohn oder Tochter von jemand anderem. Was heißt das für Sie als Führungskraft und Leader? Das heißt, dass Sie die Rolle des Vaters bzw. der Mutter für Ihre Mitarbeiter und Ihr Team übernehmen müssen. Aus der Evolutionsbiologie lässt sich das Phänomen der Sozialität bzw. der Zugehörigkeit entsprechend begründen. Es geht darum, Teil einer Gruppe, einer Familie zu sein.

*„Werteorientiertes Führen oder Glück und Gelingen stellen sich eben dort ein, wo wir mit ganzen, offenen und aufgegangenen Herzen gemeinsam etwas tun."* So formuliert es Prof. Dr. Gerald Hüther, und ich möchte ergänzen, dass dies umso besser funktioniert, je sicherer sich die Mitarbeiter fühlen.

Allerdings möchte ich eine deutliche Unterscheidung zu den vermeintlichen *„Sicherheits-Hängematten"* vornehmen, die sich in vielen, insbesondere eher traditionellen und größeren Unternehmen eingeschlichen haben. Mit der Einstellung, mir könne ja eh nichts passieren, ich bin quasi unkündbar, und wenn, dann müssen sie mich teuer abfinden, gehe ich extrem kritisch um. Ich erlebe diese Realität leider viel zu oft, und auch hier möchte ich betonen, dass Mitarbeiterverantwortung spätestens bei der Einstellung bzw. im ersten Kennenlern-gespräch beginnt.

Ich bin davon überzeugt, dass jeder Mensch grundsätzlich über sich hinauswachsen möchte: Jeder will sich einbringen und etwas Sinnvolles tun.

*„In jedem Menschen ist etwas Kostbares, das in keinem anderen ist."*
Martin Buber

Aber weiß denn jeder, wer er ist und was seine Einzigartigkeit ausmacht? Ist es also nicht auch unsere Aufgabe als Vorgesetzte und Führungskräfte, Mitarbeiter darin zu unterstützen, das zu lernen? Ist es nicht auch unsere Aufgabe, dies bereits in einer ganz frühen Phase des gegenseitigen Kennenlernens zu einem ganz wichtigen Thema zu machen und eben keine Kompromisse einzugehen? Nach dem Motto: *„Naja, passt nicht ganz, mein Bauch grummelt auch noch ein bisschen, aber das wird schon – habe eh schon so und so viele Gespräche geführt."*

Mich persönlich hat dieser Zweckoptimismus sehr viel Geld gekostet, weil ich mich für Menschen entschieden habe, die charakterlich oder von ihrem Werteverständnis nicht in mein Team gepasst haben. Ausgedrückt hat sich der *„Schaden"* dann in Form von aufwändigen Einarbeitungsphasen, nicht ausreichend professionellem Umgang mit Kunden, negativen Einflüssen auf die Mitarbeiterstimmung und somit durch eine Beeinträchtigung der Unternehmensatmosphäre.

Ich bin überzeugt, dass wir beim Thema Mitarbeitergewinnung noch immer viele Fehler machen und dadurch immense zwischenmenschliche Probleme entstehen. Wahrscheinlich wollen dies viele von uns nicht ganz wahrhaben. Oder warum sind in vielen Unternehmen die Personalabteilungen häufig ganz anders als der Rest der Truppe? Wir investieren Unsummen in Marke und Marketing – aber sind nicht unsere Mitarbeiter die stärksten Markenbotschafter?

Hier helfen auch keine *„Profile"*, sondern das Vertrauen auf die innere Resonanz und das eigene gute Bauchgefühl. Führung und Verantwortung heißt in diesem Bereich der Mitarbeiterauswahl, auf die eigene innere Stimme zu hören. Es geht dabei in jedem Fall nicht um das Be- oder Verurteilen von Menschen oder Kandidaten. Denn bereits in diesen Begriffen verbirgt sich das Wort „*teilen*", also das Trennen und damit das Zerstören der Verbindung zwischen Menschen. Vielmehr geht es um Ehrlichkeit und Aufrichtigkeit: Ein „*Nein*" kann manchmal ein richtiger Glücksfall sein.

Auch hier sollte die Grundlage auf einer gemeinsamen Vision und vor allem auf gemeinsamen Werten beruhen. Werte sind die Basis für Vertrauen. Die Vision liefert die notwendigen emotionalen Inhalte, aus denen wir Bedeutung, Kraft und Energie schöpfen. Haben unsere „*Neuen*" die gleichen Werte? Sehen wir die Welt mit ähnlichen Augen?

Aus der Vision entsteht die Strategie, der zielführende Weg. Übrigens immer, wenn Sie sich etwas vorstellen können, dann können Sie es auch realisieren: Das ist ein Gesetz. Wer seinen „*Weg*" kennt, der kann ihn gehen. Wer seinen Weg nicht kennt, oder wem die klare Richtung fehlt, der „*diskutiert*" ihn.

Konstruktive Mitarbeiter wollen und brauchen keinen erhobenen Zeigefinger – sie wollen und brauchen die ausgestreckte Hand.

*„Zutrauen veredelt den Menschen, ewige Vormundschaft hemmt sein Reifen."*

Freiherr vom Stein

Behandeln Sie deshalb Ihre Mitarbeiter wie Ihre Familienmitglieder und machen Sie damit aus Ihrer Wertschätzung eine Wertschöpfung für Ihr Unternehmen und Ihre Beziehungen. Es gilt, im Team gemeinsam über sich selbst hinauszuwachsen, also Verbundenheit bei gleichzeitiger Autonomie zu bieten und zu ermöglichen. Es geht vielmehr um den Emotionalen Quotienten

(EQ) als um den Intelligenzquotienten (IQ). Der EQ ist einer der entscheidenden Erfolgsfaktoren.

Menschen mit einer ausgeprägten emotionalen Kompetenz haben ein deutliches Bild von sich selbst, sind eher in der Lage, sich ihrer Gefühle und grundlegenden Emotionen bewusst zu sein, und diese im Sinne der Selbstwahrnehmung zu kanalisieren. Im Umgang mit anderen zeigen sie ein hohes Maß an Empathie.

Lassen Sie uns diesbezüglich einen kleinen Ausflug in ein spannendes Feld machen und etwas über die Kraft der Überzeugungen lernen.

# SO ÜBERZEUGEN DIE PROFIS

In diesem Zusammenhang möchte ich kurz auf die Wissenschaft der Überzeugung und die Forschungsergebnisse des US-amerikanischen Psychologen Robert B. Cialdini eingehen. Er stellt fest, dass es in Bezug auf die Kraft der Überzeugung sechs wesentliche Prinzipien gibt.

## 1. DAS PRINZIP DER GEGENSEITIGKEIT

Kurz gesagt: Wie es in den Wald hinein ruft, so schallt es heraus. Oder: *„Wie Du mir, so ich Dir"*. Die Beispiele ließen sich noch beliebig fortführen. Im Kern geht es darum, zu verstehen, dass wir Menschen vor allem soziale Wesen sind. Das heißt: Wenn wir etwas erhalten, möchten wir dementsprechend etwas zurückgeben. Es gibt in diesem Zusammenhang ein populäres wissenschaftliches Experiment, das zu ganz verblüffenden Ergebnissen kommt: Der Kellner, der ein Stück Schokolade zur Rechnung beilegt, bekommt im Durchschnitt drei Prozent mehr Trinkgeld. Derjenige, der zwei Stücke überreicht, schon 14 Prozent. Und derjenige, der ein Stück Schokolade überreicht, wenige Schritte vom Tisch geht, und dann umkehrt und mit den Worten „*Für Sie*" das zweite Stück Schokolade übergibt, erhöht sein Trinkgeld auf 28 Prozent.

## 2. DAS PRINZIP VON KONSISTENZ UND VERBINDLICHKEIT

Wir Menschen mögen eigentlich keine oder möglichst wenig Veränderung. Wer einmal eine Entscheidung getroffen hat, der ändert diese nur sehr ungern. Einmal festgelegt, überzeugen wir uns selbst, dass unsere Entscheidungen richtig sind und waren. Das macht das Leben erheblich einfacher. Deshalb geht es hier vor allem darum, ein kleines inneres „*Ja*" von unseren Mitarbeitern und Kunden zu erhalten, bevor wir eine Verhaltensänderung erwarten können.

## 3. DAS PRINZIP DES SOZIALEN BEWEISES

Was die anderen tun und machen, kann ja so falsch nicht sein, oder? Was viele tun, muss demzufolge richtig sein. Für unser Gehirn ist das ganz praktisch – es nimmt einfach eine Abkürzung. Wir bewerten gar nicht mehr, sondern verlassen uns auf das Urteil anderer. Ich denke, dass dieser Gedanke besonders im Unternehmen als „*sozialer Verband*" relevant ist. Hier gilt es, die richtige Wertebasis zu schaffen, damit die Abkürzungen unserer Gehirne nicht in Sackgassen führen.

## 4. DAS PRINZIP DER SYMPATHIE

Es ist erwiesen: Wir mögen Menschen, die uns ähnlich sind. Es ist auch offensichtlich, das es schöne Menschen im Beruf und privaten Bereich leichter haben, wobei der Begriff der Schönheit sehr viel Interpretationsspielraum zulässt. Sympathisch ist, wer in ähnlichen Netzwerken und Beziehungsstrukturen unterwegs ist. Sympathisch wird derjenige, der uns Komplimente macht.

Aus diesem Grund tun wir vieles, um gemocht und bestätigt zu werden. Das war evolutionsbedingt auch für unser Überleben von enormer Bedeutung. Als Führungskraft ist es umso wichtiger, diesen Aspekt zu kennen und zu wissen, dass andere Menschen dies genauso brauchen. Sympathiebekundungen – ob fachlich oder persönlich – tun einfach gut, binden uns an unser Team und spornen an.

Dieses Prinzip versuche ich immer, meinen Studenten zu vermitteln und verspreche ihnen einen erheblichen Effekt auf ihre Karrieren. Ich sage Ihnen: *„Werden Sie der freundlichste Mensch in Ihrem gesamten Umfeld.“* Und ich behaupte auch hier, dass genau diese kleine Geste einen ganz großen Unterschied macht.

## 5. DAS PRINZIP DER AUTORITÄT

Was von oben kommt, scheint richtig zu sein. Und sagt man nicht auch: Der Fisch stinkt vom Kopf her? Wer die Macht hat, dem schenkt man zunächst Glauben. Ich denke hierbei an die Religionen, an Wissen und Fähigkeiten. Den Koryphäen und Autoritäten in den jeweiligen Fachgebieten folgt man ebenso wie den Anweisungen der Menschen in Uniformen oder in bestimmter Business-Kleidung. In allen Bereichen des Lebens gilt der Aspekt von Kontext und Stimmigkeit. Würden Sie dem Installateur im Smoking Ihre Heizung anvertrauen und dem netten Herrn im Blaumann Ihre Steuererklärung?

Dieses Prinzip könnte man auch als Prinzip der Sichtbarkeit definieren. Führung heißt in diesem Zusammenhang, die richtigen Elemente für Ihr Unternehmen festzuschreiben und entsprechend vorzuleben.

## 6. DAS PRINZIP DER KNAPPHEIT

Dieses Prinzip ist im Verkauf besonders beliebt, denn hier könnten wir auch von künstlicher Verknappung sprechen. Wir haben das Angebot nur für einen zeitlich sehr begrenzten Raum. Was knapp ist, kann nicht jeder haben – und allein daraus entsteht eine besondere Begehrlichkeit. Dies gilt auch für Sie und Ihr Unternehmen, für Ihre Positionierung, für Ihre Angebote und auch für die von Ihnen angebotenen Aufgaben und Arbeitsbereiche.

Zusammenfassend lassen sich diese Prinzipien alle sehr gut in unser alltägliches Handeln übertragen – schließlich geht es bei gelingender Führung darum, dass uns die Menschen folgen, weil sie überzeugt und nicht überredet wurden.

# NUR FEHLER BRINGEN UNS WEITER – UND ZWAR GANZ SCHNELL

Ein weiterer wesentlicher Aspekt ist die Fehlerkultur im Unternehmen. Sind wir eine Fehlervermeidungsorganisation, oder sind wir dankbar für die Chance, die sich hinter jedem Fehler verbirgt? Winston Churchill wusste, dass ein kluger Mann auch anderen die Gelegenheit gibt, Fehler zu machen.

Ich möchte das mit dem Gedanken ergänzen, dass man keinen guten Fehler ungenutzt liegen lassen sollte, sondern – ganz im Gegenteil – die wunderbare Lernbotschaft immer mitnehmen sollte.

Aus einer Untersuchung von Professor Dr. Michael Frese vom Institut für Unternehmensentwicklung in Lüneburg ist bekannt, dass Firmen mit einer positiven Fehlerkultur bis zu viermal so oft bei den profitabelsten Unternehmen der Welt zu finden sind als diejenigen, die in erster Linie Fehler vermeiden wollen.

Mir ist viel häufiger in Großunternehmen als in Familienunternehmen die berühmte CYA-Strategie begegnet: *„cover your ass“*. Die verantwortlichen Manager tun alles, um ihre Handlungen später rechtfertigen und im Falle des Scheiterns entschuldigen zu können.

By the way: Eine Minute Menschlichkeit und damit auch Ehrlichkeit und Offenheit hat mit Sicherheit eine größere Auswirkung auf den Erfolg Ihrer Unternehmung als der Versuch, jegliches Risiko auszuschließen und Missgeschicke vermeiden zu wollen.

*„Wir managen Dinge, aber wir führen Menschen."*
Herbert Lohner

Der Neurowissenschaftler Professor Dr. Gerald Hüther lädt uns deshalb ein, vom Ressourcenausnutzer zum Potenzialentfalter zu werden. Damit ist gemeint, dass wir die Menschen einladen, ermutigen und inspirieren sollten, sich als Entdecker und Gestalter auf den Lebensweg zu machen und dabei die Fackel der Begeisterung immer neu zum Entflammen zu bringen.

Wenn Sie und Ihre Mitarbeiter nicht nur für das Gehalt arbeiten, sondern an das glauben, was Sie tun und wovon Sie überzeugt sind, nicht nur auf Ihren Verstand, sondern auf Ihr Herz und Ihre Seele bauen, dann können Sie Ihren Unternehmenserfolg nicht mehr verhindern.

Wir alle haben ein gleichermaßen starkes Grundbedürfnis nach Zugehörigkeit – wir brauchen sie zur Familie, zum Freundeskreis, zum Glauben, zur Kommune, zur Firma. In diesem Bedürfnis liegt die Befriedigung, die wahre und vielleicht einzige Quelle von Empathie und gemeinsamem Erfolg.

Biochemisch kann man bei Menschen, die so empfinden, eine erhöhte Ausschüttung des Glückshormons Serotonin feststellen. Das begleitende Gefühl lässt sich mit Stolz, Freude und Gemeinschaft beschreiben.

Ich behaupte in diesem Zusammenhang, dass der Erfolg großer Marken maßgeblich auf diesem Sachverhalt beruht. Apple verkauft doch eigentlich gar keine Produkte, sondern vielmehr die Mitgliedschaft in einem exklusiven Lifestyle Club. Und wie ist das eigentlich mit den großen Auto- oder Fashion-Brands? Sie alle bedienen in ganz hervorragender Weise dieses Bedürfnis, dazuzugehören – das war im Clan unserer Vorvorfahren im Prinzip nichts anderes.

# STARK WIE ROCKY

Führung heißt für mich im zentralen Sinne „gelebte Daseinsfreude": Die Welt braucht Menschen, die Freude am Leben haben. Zur Verantwortung großer Führungspersönlichkeiten gehört es, dies ehrlich und authentisch vorzuleben. Wer führt, sollte diejenigen, die er führt und die sich ihm anvertrauen, vor allem in deren Selbstvertrauen und Selbstbewusstein stärken.

Das gilt und beginnt bei unseren eigenen Kindern und setzt sich bei unseren Mitarbeitern, unseren *„beruflichen"* Kindern, fort. Der schöne Nebeneffekt ist, dass eigentlich nichts erfolgreicher macht, als andere erfolgreich zu machen.

Oft verlieren wir uns zu sehr im Detail auf der Suche nach *„operativer Exzellenz"* oder der vermeintlichen 100-Prozent-Zielerfüllung. Dies ist meines Erachtens nicht ganz ungefährlich:

Oft gibt es keine absolut richtige Entscheidung, da die Variablen im Außen einfach nicht zu berechnen sind.

Meine Empfehlung ist ganz einfach:
*„Lieber ungefähr richtig als exakt falsch."*

Oder:

*„Während die Klugen und Intelligenten noch diskutieren und debattieren, stürmen die Dummen die Burg."*
Volksmund

Meine unternehmerische Erfahrung hat mich gelehrt, dass in den meisten Fällen 70 oder 80 Prozent Erkenntnisgrad für eine Entscheidung völlig ausreichen – das gute Bauchgefühl vorausgesetzt. Dieses Bauchgefühl sollte immer so etwas wie die letzte Instanz für den Prozess der Entscheidungsfindung sein. Ihre Intuition weiß in der Regel, was für Sie das Richtige ist. Und meine Erfahrung dazu lautet: Die Intuition wird mit ihrer Nutzung immer besser. Allerdings braucht es auch viel Erfahrung mit diesem spezifischen Thema.

Der Golfamateur sollte sich vor dem Schlag überlegen, was er wie tut. Der Profi darf darüber nicht nachdenken, denn dieses Nachdenken würde ihn schlechter machen.

Sollte wirklich mal etwas schiefgehen, dann nehmen Sie sich symbolisch in den Arm und sagen Sie zu sich selbst: „Ich verzeihe mir und wünsche mir alles Gute."

Wir wachsen an unseren Niederlagen immer schneller und nachhaltiger als an unseren großen Siegen. Denken Sie doch einfach an meinen Hollywood-Helden *„Rocky"*. Erinnern Sie sich an den mutigen Kämpfer aus Philadelphia, der uns lehrt, dass es nicht darauf ankommt, wie hart wir schlagen können, sondern darauf, wie hart wir geschlagen werden können und trotzdem wieder aufstehen? Niemals aufgeben heißt hier die abschließende Leadership-Botschaft.

Die vorgestellten Überlegungen und Gedanken zur Führung lassen sich auf die folgenden Aspekte verdichten:

1. Ich denke am Anfang ans Ende.
2. Ohne Ziel stimmt jeder Weg.
3. Ich übernehme die Verantwortung.
4. Ich bin der Kapitän auf meinem Schiff.
5. Ich führe durch Vorbild.

# SPEAK
# THE
# TRUTH

Für mich ist die Wissenschaft der Kommunikation häufig die Wissenschaft der Missverständnisse. Deshalb sollte darauf geachtet werden, dass uns unsere Zunge nicht „*taub*" macht.

Über kaum ein Thema wurden so viele Theorien, Modelle und Konzepte vermittelt wie über Kommunikation. Das Wort kommt aus dem Lateinischen *(„communicare")* und bedeutet „teilen, mitteilen, teilnehmen lassen, gemeinsam machen, vereinigen". In seiner ursprünglichen Bedeutung stand die Sozialhandlung, in der etwas Gemeinsames entsteht, im Vordergrund.

Eigentlich ganz spannend, wenn wir beobachten, wie wir heute mit Kommunikation umgehen: Jeder will möglichst laut und schnell seine Botschaften durchsetzen. Für aktives und bewusstes Zuhören fehlt einfach die Zeit. Aber wie funktioniert gute Kommunikation denn eigentlich?

# DIE QUALITÄT IHRER KOMMUNIKATION ERKENNEN SIE AN DER RESONANZ

Ich möchte dem Grundlagenwissen um die Kommunikation nicht zwingend viel Neues hinzufügen, aber ich möchte umso mehr meine Gedanken und Beobachtungen sowie die Erkenntnisse aus Hirnforschung und Evolutionsbiologie zur Kommunikation mit Ihnen teilen.

Kommunikation ist für mich eine der zentralen Eigenschaften von Führung: Stellen Sie sich vor, Sie haben etwas zu sagen und keiner hört zu. Was nützen uns die besten Ideen und Strategien, wenn es uns nicht gelingt, diese überzeugend zu vermitteln?

Ihr Kommunikationserfolg lässt sich daraus ablesen, in welcher Form und in welcher Geschwindigkeit Sie Ihre Botschaft vermitteln, aber eben auch, ob Sie wissen, wer Ihre Zuhörer sind, und wie Sie es schaffen, diese mit allen Sinnen *„dort abzuholen"*, wo sie sind. Das nenne ich kommunikative Verantwortung – eine Kommunikation, die Verständnisbrücken baut und die lange Verständniswege abkürzt.

Dabei gilt die alte Regel: Es kommt nicht so sehr darauf an, was gesendet wird, sondern immer darauf, was ankommt. Es geht um Aktivierung, Begeisterung, Zielerreichung. Und da das den wenigsten von uns in die Wiege gelegt wurde, sollten wir es lernen – insbesondere dann, wenn wir Führungsverantwortung übernehmen wollen.

Wer nicht oder nur schwer verstanden wird, dem werden wir wohl kaum folgen. Wer jedoch die Grundlagen zwischenmenschlicher Kommunikation kennt, versteht und weiß, wie diese anzuwenden sind, der wird seine Zuhörer und kommunikativen Ziele sicher und überzeugend erreichen.

*„Man kann nicht nicht kommunizieren!"*
Paul Watzlawick

Auch keine Botschaft ist eine Botschaft, und alles am Menschen kommuniziert – selbst wenn er schweigt oder stillhält. Dann ist dies seine momentane *„Sprache"*. Kommunizieren meint also nicht nur das gesprochene Wort, sondern vor allem die Art und Weise, wie wir uns im Ton und im gesamten körpersprachlichen Kontext verhalten. Kommunikation ist in diesem Sinne allgegenwärtig und unser Verhalten ist dabei der wesentliche Teil der Kommunikation.

Watzlawick spricht in diesem Zusammenhang auch von den paralinguistischen Phänomenen. Er meint damit den Tonfall, die Schnelligkeit oder Langsamkeit der Sprache, Pausen, Lachen und Seufzen. Kommunikation hat immer eine inhaltliche und eine Beziehungsebene. Ich vermittle Sachinformationen, während gleichzeitig ein impliziter Ausdruck bezüglich der Beziehung zwischen Sender und Empfänger erfolgt. Woran erkennen Sie die Qualität Ihrer eigenen Kommunikation? Ganz einfach: an der Reaktion, die Sie darauf erhalten.

- Sind Sie zufrieden mit dem Feedback, das Ihnen begegnet?
- Verstehen Ihre Zuhörer auf Anhieb Ihr Anliegen, Ihre Botschaften?
- Kommen Sie mit einem effizienten Kommunikations-aufwand immer schnell zum gewünschten Ziel?

Wenn Sie diese Fragen mit „*Ja*" beantworten können, dann sind Sie auf einem sehr guten Weg. Sollten Sie Verbesserungsbedarf sehen, dann können und werden Ihnen die nachfolgenden Gedanken und Anregungen von hohem Nutzen sein.

Ich war in früheren Jahren schnell der Meinung, wenn jemand mich bzw. meine Botschaft nicht gleich versteht, dann müsse es auf jeden Fall an ihm/ihr liegen. Vielleicht mangelt es ihm oder ihr an Verständnis, oder er bzw. sie hat einfach keine Lust, mich zu verstehen. Zu „*dumm*", zu „*faul*", zu „*wenig bemüht*" waren die gedanklichen Schubladen, in die ich diese Menschen eingeordnet habe. Ich muss und möchte dafür Abbitte leisten.

Heute weiß ich es besser, und deshalb konnte ich dieses alte Paradigma auch weit hinter mir lassen. Nach vielen Jahren des Übens, der Seminare und Vorträge weiß ich: Wenn meine Botschaft nicht beim Zielpublikum ankommt, dann war die Qualität meiner eigenen Kommunikation einfach nicht gut genug.

Kommunikation ist zunächst einmal eine Sache der Frequenz, die viel weniger mit Senden als mit Empfangen zu tun hat. Stellen Sie sich vor: Sie senden auf der Frequenz 89.3, und Ihr Zuhörer hat sein Gerät auf 90.4 eingestellt. Da wird es ganz schnell richtig schwierig mit dem Empfangen und Verstehen der Botschaft.

Ich bin davon überzeugt, dass es in der Verantwortung des Senders liegt, dafür zu sorgen, dass auch der Empfänger die richtige Frequenz eingestellt hat. Und in diesem Zusammenhang gilt es zu klären: Nutzen beide eigentlich den gleichen Zeichenvorrat, nicht nur sprachlich, sondern auch kulturell? Sprechen sie inhaltlich die gleiche Sprache? Meinen sie das Gleiche? Können sie gut mit der verbalen Sprache umgehen?

- Wie sorgfältig und präzise gehen Sie mit der Sprache um?
- Wie verständlich kommunizieren die jeweiligen Branchen?
- Benutzen Sie Ihre Fachsprache als Abgrenzung und „Herrschaftsinstrument"?

Früher haben Ärzte und Priester Latein gesprochen, um sich vom „einfachen" Volk zu unterscheiden und ihre Bedeutung zu unterstreichen. Das Dilemma kennen wir doch alle: Aus der Zuhörerperspektive wollen wir uns nicht blamieren und trauen uns vielleicht gar nicht nachzufragen, wenn wir etwas nicht verstehen. Dabei gibt es doch gar keine dummen Fragen – nur dumme Antworten. Diesen wunderbaren Ausspruch meiner Mutter können Sie in solchen Situationen gern beherzigen – zusammen mit diesem Gedanken:

*„Wer fragt, ist ein Narr für fünf Minuten, wer nicht fragt, bleibt ein Narr sein Leben lang."*
Sprichwort

Also wählen Sie doch das kleinere Risiko und fragen immer dann, wenn Sie etwas nicht verstehen.

# SO KOMMEN SIE RÜBER

Die Qualität Ihrer Kommunikation ist stark davon abhängig, mit welcher inneren Intention Sie kommunizieren.
Hören Sie zu, um zu antworten, oder hören Sie zu, um zu verstehen.

Das erinnert mich an meine eigene Schulzeit, denn da war ich – oft noch bevor der Lehrer die Frage zu Ende formuliert hatte – immer ganz schnell dabei, meine Antwort zu geben. Und natürlich ist mir das auch in dem ein oder anderen Business-Meeting so ergangen, und, noch schlimer, auch im persönlichen und privaten Bereich.

Habe ich immer zugehört, um zu verstehen, was mir meine

Frau oder meine Kinder oder Eltern vermitteln wollten, oder wusste ich ohnehin schon, was sie von mir wollten?

Ich glaube, wir rutschen ganz schnell in die Ecke, direkt auf etwas antworten zu wollen. Wir haben keine Zeit, den langwierigen Ausführungen unserer Partner zu lauschen, zumal wir doch ohnehin wissen, was sie sagen wollen – so oder ähnlich mag es vielen von uns gehen.

Ich kann Ihnen aber aus eigener Erfahrung versichern, dass die Idee, dass meine Absicht in erster Linie mein Ergebnis bestimmt, insbesondere in der zwischenmenschlichen Kommunikation relevant ist. Ich kann berichten, dass sich die Kommunikation – ob im Team oder zuhause – nicht nur erheblich verbessert, sondern auch viel schneller wird. Zudem drücke ich mit meinem empathischen Zuhören auch die Wertschätzung aus, die meine Gesprächspartner verdienen.

Die Neurowissenschaft hat ermittelt, dass wir in der Lage sind, rund 150 Worte in der Minute zu sprechen, aber mehr als 500 Worte hören können – das könnte doch ein Hinweis auf das Verhältnis von Reden und Zuhören sein. Erwähnenswert ist in diesem Zusammenhang auch der Sachverhalt, dass das weibliche Gehirn mehr zu einem *„E-Gehirn"* tendiert, während das männliche Gehirn stärker als *„S-Gehirn"* angelegt ist. E steht für Empathie und das S für System. Die Geschlechterunterschiede unserer Gehirne sind ein unglaublich spannendes und relevantes Feld. Es würde mehr als ein eigenes Buch füllen, wenn man die wesentlichen Aspekte beschreiben wollte.

Hinsichtlich der Kommunikationsfähigkeit hat die Unterschiedlichkeit des *„Gehirntyps"* enorme Auswirkungen. Das weibliche Gehirn ist laut Forschungsergebnissen der britischen Soziologin Diane Hales in der Lage, bis zu 23.000

Worte am Tag zu sprechen und zu verstehen. Das durchschnittliche männliche Gehirn ist dagegen bei nur rund 9.000–12.000 Worten am Tag bereits am Rande seiner Kapazität. Sollten Sie sich also wieder einmal wundern, dass ihr männlicher Gesprächspartner offensichtlich nicht zuhört, überlegen Sie, ob er es vielleicht nicht kann.

Im Verkauf gilt mehr denn je, dass wir unserem Kunden aktiv zuhören und dann das Gesagte in unseren Worten wiederholen sollten. Wissen Sie, was dann passiert? Ihr Kunde fühlt sich zum ersten Mal richtig verstanden.

Vielleicht haben wir deshalb zwei Ohren und nur einen Mund, damit wir uns erinnern, dass wir zweimal so viel zuhören sollten, als selbst zu sprechen. Für mich ist das immer noch eine echte Herausforderung.

Aus der Kommunikationsforschung wissen wir, dass das Ergebnis der Kommunikation grundlegend durch die innere Haltung bestimmt wird, wie wir auf andere zugehen oder uns auf den anderen Gesprächspartner ausrichten. Geht es uns um schlaue Antworten und darum, im bestmöglichen Licht dazustehen, oder darum, durch wertfreies Zuhören ein klares Verständnis für den anderen sowie einen gemeinsamen Konsens zu erreichen.

Aus meiner Sicht ist nur diese Art von Kommunikation erfolgreich, denn selbst in der Kontroverse ist sie wohlmeinend und positiv auf die andere Seite gerichtet – der Mensch selbst wird nicht infrage gestellt, der Inhalt ist immer verhandelbar. Aktiv zuhören führt damit zu einem zufriedenstellenden Umgang mit anderen, verbessert Beziehungen und macht das Leben so viel leichter.

# WESENTLICHE ASPEKTE DER NONVERBALEN KOMMUNIKATION

Empathisch Zuhören bedeutet, den ganzen Menschen und die Kommunikation insgesamt wahrzunehmen – nicht nur das gesprochene Wort. Was sich zunächst vielleicht aufwändig und umständlich anhört, ist in Wahrheit der schnellste und effektivste Weg zu einem gemeinsamen Verständnis.

Lassen Sie uns dazu einen kurzen Blick in die Arbeit von Prof. Albert Mehrabian werfen. Der US-amerikanische Pschologe hat bereits in den 1970er-Jahren wesentliche Grundlagen zur Bedeutung der nonverbalen Elemente in der zwischenmenschlichen Kommunikation untersucht und dabei die *„7/38/55-Regel"* formuliert.

Die Wirkung einer Mitteilung definiert er zu 7 Prozent durch den sprachlichen Inhalt, zu 38 Prozent durch den stimmlichen Ausdruck und zu 55 Prozent durch die körperlichen Signale.

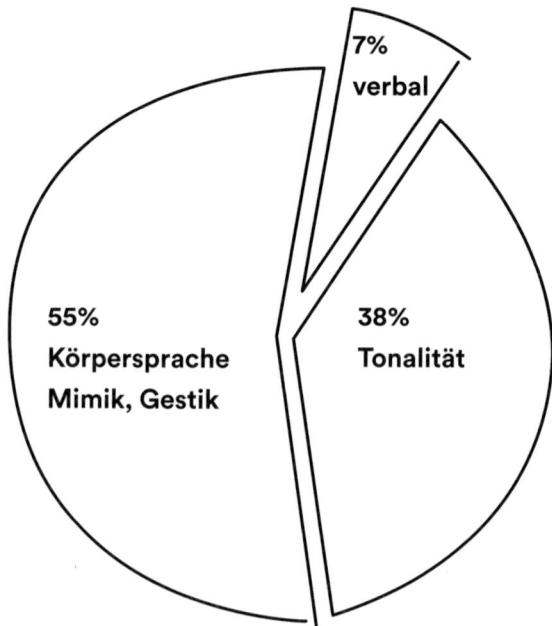

Darstellung nach Albert Mehrabian: Silent Messages.

Es wäre falsch, diese Regel auf jegliche Form der zwischenmenschlichen Kommunikation anwenden und übertragen zu
wollen, aber der Forschungsansatz von Mehrabian zeigt uns
deutlich, dass der verbale Inhalt, das gesprochene Wort, nur
dann seine Wirkung entfalten kann, wenn er kongruent mit den
Dimensionen der Tonalität und Körpersprache ist, also sich das
Gesagte nicht nur gut anhört, sondern auch gut *„anfühlt"*. Einer
der Gründe für diesen Sachverhalt liegt in unserer Evolution
begründet, auf die ich nachfolgend näher eingehen möchte.

# DIE EVOLUTION LÄSST GRÜSSEN

Der Mensch ist ein archaisches System. Wir sind alle Teil der Spezies Homo sapiens, in uns allen schlummern die DNA und die genetischen Anlagen der Jäger und Sammler. Unsere Spezies ist rund 200.000 Jahre alt, und nach den Erkenntnissen sowohl der Evolutionsbiologen als auch der modernen Hirnforschung bestehen in Bezug auf unseren Körper, unsere Organe (inkl. unseres Gehirns) und vor allem in Bezug auf unsere grundlegenden emotionalen Verhaltensweisen zu damals keine signifikanten Unterschiede.

Wenn wir uns deutlich machen, dass bis zu 70 Prozent der Deutschen zumindest zeitweise an Rückenschmerzen leiden, sind wir immer ganz schnell bei der Ursache: Unser Körper, unser Skelett sei ja kein Sitzapparat, sondern ein Bewegungssystem, dass für das Jagen, Sammeln und Überleben in wirklich herausfordernden Verhältnissen gemacht sei.

Und wie ist das dann mit unserem Gehirn? Wir denken vielleicht, dass unser Gehirn ein Organ sei, mit dem wir ausschließlich denken würden. Hat uns nicht René Descartes *„Ich denke, also bin ich"* beigebracht?

Heute wissen wir, insbesondere durch die fundierte Forschungsarbeit des Neurowissenschaftlers António R. Damásio, dass unser Gehirn ein Fühlsystem ist, das auch denken kann. *„Die Emotionen sind der Motor der Vernunft"*, sagt Damásio. Aber was meint er damit?

Lassen Sie uns dazu einen kurzen Blick in die Struktur unseres Gehirns werfen. Die Neurowissenschaft spricht wegen der drei Bereiche unseres Gehirns auch vom „dreieinigen Gehirn":

1. Das *Stammhirn*, das im Wesentlichen für unsere Körper- und Vitalfunktionen verantwortlich ist. Hierzu gehören das Rückenmark, das Kleinhirn, das Mittelhirn und das Zwischenhirn, in dem sich der Thalamus (Empfänger von Sinnesreizen) und der Hypothalamus/ die Hypophyse (Hormonausschüttung) befinden.

2. In diesem Zwischenhirn finden wir das *Limbische System*, das für die Emotionen und das motivationale Verhalten verantwortlich ist, sowie den Hippocampus mit der Amygdala, unserem „Gefahrenmelder", und dem Nucleus accumbens, unserem Belohnungssystem, das unter anderem die wunderbaren Glückshormone wie Serotonin und Oxytocin bereitstellt.

3. Die *Großhirnrinde* mit dem *präfrontalen Cortex* wird oft als denkender Verstand bezeichnet. In diesem – unserem jüngsten – Hirnbereich verarbeiten und interpretieren wir die empfangenen Sinneseindrücke, hier wird unser Verhalten und unsere Planung bestimmt.

Das limbische System ist der erste Filter zur Verarbeitung aller Sinneseindrücke und Wahrnehmungen. Dieser Bereich steht für die emotionale Bewertung, hier werden äußere Impulse auf ihre emotionale Relevanz geprüft.

Emotionale Erregung findet immer dann statt, wenn eine mögliche Gefahr oder eine gute Gelegenheit in unseren Wahrnehmungsradius gelangen. Unser System ist in erster Linie darauf ausgelegt, unser individuelles Überleben und damit den Erhalt der Spezies sicherzustellen.

Im limbischen Gehirn werden diese Informationen in Millisekunden verarbeitet, und zwar *„lange"* bevor der denkende Verstand aktiviert wird. Man kann vereinfacht sagen, dass alles, was keine emotionale Relevanz besitzt, nur schwerlich den Weg in die Wahrnehmung durch unseren präfrontalen Cortex findet und dort vor allem kaum längerfristig gespeichert werden kann.

*„Alles, was keine Gefühle in uns auslöst, ist für unser Gehirn wertlos"*, sagt die Hirnforschung. Dies ist die zentrale Aussage und Erkenntnis zum Thema Kommunikation. Fragen Sie sich immer, ob Ihre Botschaft, egal in welcher Form Sie diese vermitteln, eine Emotion auslöst. Falls nicht, können Sie es gleich bleiben lassen. Sie sparen sich viel Zeit und Geld.

Nein! Stattdessen sollten Sie solange an Ihrer Kommunikation arbeiten, bis die gewünschte emotionale Qualität erreicht ist – dann werden Sie gehört und erinnert.

# SCHNELLES UND LANGSAMES DENKEN

Der US-amerikanische Psychologe und Nobelpreisträger Daniel Kahnemann spricht in diesem Zusammenhang vom schnellen und langsamen Denken. Oder System 1 und System 2.

System 1, das schnelle bzw. implizite System, arbeitet mit einerunglaublich hohen Aufnahmekapazität: Bis zu elf Millionen Sinneseindrücke können in jedem Moment verarbeitet werden.

System 2, das kognitive System, das langsame Denken, unsere Ratio, ist nur in der Lage, ca. 40 bis 60 Sinneseindrücke zu verarbeiten.

Wir können den Gesichtsausdruck eines Menschen unmittelbar dekodieren, sozusagen fühlen, aber für die Lösung einer einfachen Rechenaufgabe brauchen wir deutlich länger. Machen Sie einfach den kleinen Test:

## WELCHE EMOTIONEN WERDEN HIER TRANSPORTIERT?

### RECHENAUFGABE

$$17 \times 24 =$$

An diesem Beispiel erkennen Sie die Leistungsfähigkeit unseres impliziten und schnellen Systems und gleichzeitig den drastischen Unterschied zwischen beiden Systemen. Unser schnelles Denken ist ein Erbe der Evolution, und es ist gleichzeitig dafür verantwortlich, dass wir als Spezies überleben konnten. Für die intellektuelle Auseinandersetzung mit dem Säbelzahntiger ist unser System weder gedacht noch gemacht. Es soll solche Menschen gegeben haben, aber von denen stammen wir definitiv nicht ab, denn die sind alle gefressen worden.

Zusätzlich benötigt das implizite Denken viel weniger *„kognitive Ressourcen"* als das explizite, weshalb wir es auch gerne nutzen, wenn unsere Hirnkapazität bereits belastet ist. Warum benutzen wir dann im Alltag nicht einfach nur unser schnelles System? Der Grund liegt in seiner unkontrollierten Funktionsweise. Das implizite Denken kontrolliert seine Vorgehensweise nicht auf ihre logische oder ethische Richtigkeit. Es wendet einfach an, was zuvor schon funktioniert hat oder uns von der Gesellschaft als zweckmäßig beigebracht worden ist.

Deshalb greifen Menschen, deren bewusste Denkleistung bereits belastet ist (z. B. durch eine Rechenaufgabe), unter anderem viel stärker auf Vorurteile zurück, denn auch Vorurteile stellen Heuristiken dar, die es uns erleichtern, unsere Umwelt zu betrachten. Was heißt dies nun für die zwischenmenschliche Kommunikation? System 1 denkt, vereinfacht gesagt, in Bildern und Geschichten. Wenn wir System 1 nicht emotional aktivieren, dann kommt im System 2 einfach nichts mehr an.

## SEIT WANN GIBT ES EIGENTLICH SCHRIFT?

Man vermutet seit ca. 6.000 Jahren. Die Sumerer zwischen Euphrat und Tigris waren neben den Ägyptern wohl die ersten Hochkulturen, die Schriftzeichen – geprägt von einer sehr starken figürlichen Symbolik – genutzt haben. Die ältesten Wandmalereien schätzt man auf ein Alter zwischen 40.000 und 60.000 Jahren. Wir sind also mit Bildern und Geschichten viel mehr vertraut.

Unsere Vorfahren mussten zudem in Sekundenschnelle erkennen, ob sich ihnen ein Freund oder ein Feind nähert. So bildete sich aus meiner Sicht die Fähigkeit, Körpersprache, Mimik und Gestik wahrzunehmen und zu verstehen. Die Stimmlage gibt darüber hinaus weitere eindeutige Botschaften, ob jemand eher freundlich oder feindlich gesinnt ist.

Dieses archaische Erfolgssystem funktioniert bei uns noch immer mit der gleichen Zuverlässigkeit, und mit großer Sicherheit lohnt es sich, dass wir uns daran erinnern. Wir haben mit unserem impliziten System einen fantastischen *„Autopiloten"*, der uns mit einer hohen Präzision durch unser Leben führt, so sehr wir auch um unseren Verstand bemüht sind. Diesem Autopiloten haben wir im Wesentlichen unsere 200.000-jährige Erfolgsgeschichte zu verdanken.

*„Man sieht nur mit dem Herzen gut.*
*Das Wesentliche ist für die Augen unsichtbar."*
Antoine de Saint-Exupéry

Unsere Körpersprache ist für 55 Prozent der kommunikativen Wirkung verantwortlich. Sie ist nicht nur ein zentrales Signal, wie wir wahrgenommen werden, sondern sie hat auch sehr viel mit Selbstwahrnehmung zu tun. Einer der Gründe liegt in der Tatsache begründet, dass unsere Körper- und vor allem unsere Gehirnfunktionen, neben elektrischen Signalen, in erster Linie auf biochemischen Prozessen beruhen.

Der Austausch zwischen den Nervenzellen in unserem Gehirn erfolgt durch sogenannte Neurotransmitter. Der synaptische Spalt zwischen den Dendriten, also den Zellfortsätzen unserer Gehirnzellen, erfolgt biochemisch.

Können Sie sich vorstellen, dass eine Körperhaltung der Schwäche andere biochemische Signale sendet, als wenn Sie mit geradem Rücken, stolzer Brust und hochgereckten Armen gerade einen besonderen beruflichen oder sportlichen Erfolg erzielt haben?

*„Chakka – ich schaffe das!"* fühlt sich doch bestimmt anders an als *"Oh Gott, das schaff ich nie!"*.

Die US-amerikanische Neurowissenschaftlerin Amy Cuddy hat diese Vermutung eindrucksvoll bestätigt und dazu eine besonders spannende Studie veröffentlicht. In ihrer Untersuchung wurden zwei Gruppen von Probanden gebeten, jeweils für zwei Minuten ihre Körpersprache bewusst in eine Schwächeposition und danach in eine Kraftposition zu bringen. Nach zwei Minuten in der jeweiligen Körperhaltung wurde die hormonelle Veränderung in Bezug auf Cortisol, dem *„Stresshormon"*, und auf Testosteron, dem *„Powerhormon"*, analysiert.

Zwei Minuten in einer schwachen bzw. defensiven Körperhaltung lassen das körpereigene Cortisol ansteigen und gleichzeitig das Testosteron abfallen. Bei der entsprechenden Gegenposition konnte der genau umgekehrte Effekt gemessen werden.

Die Körperhaltung der Stärke und Zuversicht verringert die Menge des messbaren Cortisols deutlich und lässt zudem die Ausschüttung von Testosteron signifikant ansteigen. Ist das nicht eine faszinierende Botschaft mit höchster Relevanz? Zwei Minuten entscheiden über *„hire or fire"*, zwei Minuten, ob Sie den Auftrag Ihres Kunden bekommen, zwei Minuten für den Erfolg im Bewerbungsgespräch, zwei Minuten für Ihr nächstes erfolgreiches Rendezvous.

Diese Erkenntnisse können aktiv genutzt werden, um sich selbst mehr Selbstbewusstsein und mehr Schwung zu verleihen. Beim *„Power Posing"* nimmt man für kurze Zeit eine selbstbewusste Haltung ein, stemmt zum Beispiel die Hände in die Hüften, während man breitbeinig dasteht – eben wie ein Sieger –, und lässt seinen Körper den Rest erledigen.

Ausgestattet mit diesem Wissen gibt es keine Ausreden mehr – Ihr Freund, Ihr Körper ist immer bei Ihnen. Vertrauen Sie ihm und nutzen Sie Ihre körpereigenen Fähigkeiten für die Herstellung der richtigen Biochemie. Sie haben es in der Hand – nicht nur, wie Sie wahrgenommen werden, sondern wie sich selbst wahrnehmen, wie sie sich spüren und fühlen.

Und unterschätzen Sie dabei bitte niemals die Kraft Ihrer Hormone. Alle Dinge werden immer zweimal erschaffen, zunächst mental und dann physisch. Das geistige Schaffen geht dem mentalen Schaffen voraus. Die Vorstellungskraft und die Zuversicht bestimmen in großem Maße die Ergebnisse und Resultate, die wir erzielen.

Unter diesem Aspekt sollten wir uns immer an die körperliche Dimension der Wahrnehmung erinnern. Die Grundlagenarbeit von Amy Cuddy ist für mich ein weiterer Beleg dafür, dass wir in einem viel stärkeren Maße *„emotionale Fühlsysteme"* sind als rein *„verkopfte"* Vernunftwesen.

Auch wenn es viele in dieser Form vielleicht gar nicht wahrhaben wollen: Für die Kommunikation untereinander scheint es aus meiner Sicht empfehlenswert, den denkenden Verstand etwas zu ignorieren und den Mut zu entwickeln, der körpereigenen Intelligenz unseres evolutionsbiologischen Erfolgssystems zu folgen.

Der Körpersprache werden auch Gestik und Mimik zugeordnet. Unsere Gesten sind archaische Codes – also autonome Gesten –, welche die Sprache ersetzen, die stark von den jeweiligen kulturellen Umfeldern geprägt wird. Denken wir an die Gestik unserer italienischen Nachbarn im Vergleich zu der eines typischen Norddeutschen. Jeder wird sich den Unterschied sehr bildlich vorstellen können.

Hingegen dürfte eine offene Armhaltung global gleichermaßen interpretiert werden, ebenso wie die Hand, die man gereicht bekommt, oder – das Gegenteil – die drohende Faust.

Achten Sie beim nächsten Besuch Ihres Lieblingsitalieners auf die kulturell geprägte Gestensprache. Und stellen Sie sich die gleiche Gestik im britischen Nobelrestaurant vor.

# DAS GESICHT – DIE UNIVERSELLSTE SPRACHE

Widmen wir uns nun einem der spannendsten und eindeutigsten Kommunikationskanäle unserer Spezies: der Mimik, unserem Gesicht. Unser Gesicht und dessen Ausdruck ist die universellste Sprache – jeder Mensch, egal ob in Paris, Rom, Moskau, New York, Frankfurt oder Papua Neuguinea hat bei der jeweiligen Emotion den jeweils gleichen Gesichtsausdruck.

Die wohl herausragendste Forschungsarbeit auf diesem Feld leistet seit rund 50 Jahren der Psychologe Paul Ekman aus San Francisco. Ekman wollte als junger Wissenschaftler die Thesen von Charles Darwin bestätigen. Darwin wurde während seiner fünfjährigen Expedition darauf aufmerksam, dass er in den unterschiedlichsten Destinationen und bei den dortigen Begegnungen mit den Einheimischen in der Regel nicht verstehen konnte, was die Menschen gesprochen haben. Jedoch hatte er die Wahrnehmung, dass er die emotionalen Befindlichkeiten aus deren Gesichtern erkennen und lesen konnte.

Ekman fand in den 1960er-Jahren in Neuguinea eine Kultur, die von westlichen und modernen Einflüssen, also auch von medialer Beeinflussung jeglicher Art, unabhängig war. Dort untersuchte Ekman bei mehr als 15.000 Einwohnern die emotionalen Gesichtsausdrücke, die durch die Vermittlung bestimmter Informationen entstanden.

Er zeigte den Menschen dort unter anderem drei Fotos von Frauen und fragte, bei welchem der gezeigten Gesichter gerade der geliebte Sohn verstorben wäre. Alle Befragten erkannten den Ausdruck von Schmerz und Trauer und konnten diesen Gesichtsausdruck deutlich unterscheiden und wahrnehmen. Gleichermaßen stellte er die Frage, welche der gezeigten Menschen wohl gerade Verdorbenes gegessen hatten. Die Emotion des Ekels wurde ebenso unmittelbar von den Eingeborenen dekodiert.

Ekman bestätigte mit seiner Arbeit nicht nur Charles Darwins Vermutungen, sondern etablierte ein Forschungsfeld, dass sich eines zunehmenden Interesses und eines hohen Maßes an Popularität erfreut. Seine Grundthesen lieferten unter anderem die Grundlage für die erfolgreiche TV-Serie „Lie to me.“ Dort ist es den Protagonisten möglich, durch die Analyse der sogenannten *„Microexpressions"* unterdrückte Emotionen und Gefühlsregungen zu erkennen und aufgrund derer festzustellen, ob jemand lügt bzw. inwieweit das Gesicht und sein Ausdruck mit dem übereinstimmen, was die betroffene Person sagt.

Für mich ist dieser Aspekt übrigens ein zusätzlicher Beleg für die Thesen Mehrabians: Wir alle können Gesichter lesen, wir müssen uns unserer Fähigkeiten einfach nur wieder bewusst werden. Probieren Sie es einmal aus und Sie werden sehen, wie schnell

Sie mit ein wenig Übung und viel Achtsamkeit plötzlich viele, auch nonverbale Botschaften schnell und eindeutig lesen können.

Der jeweilige emotionale Gesichtsausdruck ist keine gelernte Eigenschaft, denn auch Menschen, die beispielsweise blind geboren wurden, zeigen bei der jeweiligen emotionalen Verfassung den gleichen Ausdruck. Man könnte meinen, das Gehirn wäre eine Art Projektor und unser Gesicht die entsprechende Leinwand.

Spannend in diesem Zusammenhang ist zudem der Sachverhalt, dass unsere Mimik nicht nur entscheidet, wie wir wahrgenommen werden, sondern auch wie wir uns selbst wahrnehmen – ganz genau so wie bei der Körpersprache.

- Machen Sie einen kleinen Test und beobachten Sie sich dabei im Spiegel. Versuchen Sie zunächst ein aggressives Gesicht zu formen und spüren Sie in sich hinein, ob sich Ihre Selbstwahrnehmung irgendwie verändert. Spüren Sie etwas? Wie ist Ihr Gefühl dabei?

- Kennen Sie den alten Trick mit dem Bleistift? Nehmen Sie einen Bleistift quer zwischen die Zähne – so als würden Sie Lachen. Ich verspreche Ihnen, nach 30 Sekunden verändert sich Ihr Gefühl, und irgendwie nehmen Sie sich etwas leichter und entspannter wahr, so als hätten Sie eben gelacht und sich gefreut.

Fangen Sie bitte an zu üben, trauen Sie sich, auch wenn es etwas doof aussehen mag. Nutzen Sie auch hier die Kraft Ihrer körperlichen Intelligenz. Und übrigens, wenn Sie wissen möchten, wie sich Ihr Gesprächspartner fühlt, dann versuchen Sie seinen / ihren Gesichtsausdruck zu spiegeln und hören / fühlen Sie in sich hinein.

Die Gesichtserkennung ist bereits ein großes Geschäftsfeld im Bereich der Sicherheit, des Marketings und des Verkaufs. Wer würde nicht gern wissen, wie sich sein potenzieller Kunde tatsächlich fühlt, oder welche grundsätzlichen Emotionen seine Kommunikation bei ihm auslöst?

Die diesbezügliche Forschung und die einhergehenden wissenschaftlichen Erkenntnisse entwickeln sich in einer sehr raschen Geschwindigkeit. Wir sollten alle sehr achtsam sein, wie das gewonnene Wissen genutzt wird, vor allem von wem und mit welcher grundsätzlichen Ethik. Oder möchten Sie wirklich, dass jeder mögliche Dritte jederzeit Ihre emotionale Befindlichkeit erkennen und lesen kann?

Für den Bereich Kommunikation spielt die Arbeit von Ekman und seinem Team eine ganz zentrale Rolle. Es geht darum, uns daran zu erinnern, wer wir als Menschen sind und welche biologischen Programme Teil unseres evolutionären Erbes sind.

Wir sollten unsere Aufmerksamkeit schulen und kontinuierlich üben, damit wir zu empathischen Zuhörern und erfolgreichen Kommunikatoren werden und jeweils adäquat und mit der angemessenen Grundhaltung auf die emotionale Verfassung unseres Gegenübers reagieren können.

Die Erkenntnisse und Feststellungen von Darwin, dass bei allen Menschen – völlig unabhängig von Herkunft, persönlicher Geschichte und kulturellen Einflüssen – die gleiche Mimik bei der gleichen emotionalen Grundstimmung vorliegt, bestätigen sich durch Ekmans Forschung eindrucksvoll. Die sechs Grundemotionen: Freude, Angst, Zorn, Verachtung, Trauer und Ekel drücken sich bei allen Menschen in gleicher Form durch deren Mimik aus.

Die sechs Grundemotionen:

Freude, Angst, Zorn, Verachtung, Trauer und Ekel.

Mit diesem Wissen gilt es nun, empathisch und einfühlsam auf unsere Kommunikationspartner zu reagieren. Bei der Empathie handelt es sich nicht um einen Luxus der Natur – vielmehr ist die Fähigkeit zu fühlen, was der oder die andere fühlt, ein ganz wichtiges Element für das Überleben unserer Spezies. Die *„Spiegelneuronen"* machen uns zu einer empathischen Zivilisation. Einem trauernden Menschen werden wir sicherlich in einer anderen Form begegnen als einem Fröhlichen – dem zornigen Kunden sollten wir beispielsweise helfen, seine Verärgerung abzubauen, anstatt ebenso zornig zu reagieren. Nur wenn sich die Menschen wirklich verstanden fühlen, ist die Grundlage für eine authentische und erfolgreiche Kommunikation gegeben.

Dabei geht es nicht darum, was wir sagen und hören, sondern wie wir eine kongruente Verständigung aufbauen. Das heißt, wir erreichen nicht nur den denkenden Verstand, sondern das Herz und die emotionale Intelligenz der Menschen.

Der Blick in ein lachendes Gesicht belegt diesen Gedanken aus meiner Sicht ausreichend überzeugend.

*„Wer nicht lächeln kann, sollte kein Geschäft eröffnen."*
Chinesisches Sprichwort

Menschen schauen mit deutlicher Päferenz in ein freundliches Gesicht als in ein ernstes. Ein Lächeln baut Brücken und wird in der ganzen Welt verstanden – es ist die kürzeste Verbindung zwischen den Menschen.

# WARUM KANN ICH FÜHLEN, WAS DU FÜHLST?

Was gibt es Wissenswertes in Bezug auf unsere Spiegelneuronen? Zunächst sind unsere Spiegelneuronen und das empathische Empfinden und Wahrnehmen ein fantastisches System der Natur. Wir können fühlen, was andere fühlen. Dieses Thema sollten wir etwas näher betrachten.

Erst 1992 entdeckte der italienische Forscher Giacomo Rizzolatti das Phänomen dieser Zellen. Spiegelneuronen machen uns zu empathischen Wesen, geprägt von Mitgefühl und Kooperation statt von Egotrips und Konfrontation. Sie sind auch dafür verantwortlich, dass wir über das Unglück anderer weinen, obwohl uns die Situation persönlich gar nicht betrifft. So geht es uns auch im Kino, obwohl unser denkender Verstand weiß, dass das, was wir sehen, eine Fiktion ist, die agierenden Personen

Schauspieler sind und deren „Emotionen" im richtigen Leben gar nicht stattfinden.

Das Phänomen der körpereigenen Spiegelneuronen ist ein Erbe unserer Evolution und nur wenigen Spezies auf diesem Planeten vorbehalten. Man geht davon aus, dass die Primaten, Elefanten, Delfine und Hunde auch über Spiegelneuronen verfügen.

Alle seriösen Quellen bestätigen, dass die Spiegelneuronen einen wesentlichen Beitrag zur Sozialisation unserer Spezies leisten. Der US-amerikanische Soziologe und Ökonom Jeremy Rifkin spricht in diesem Zusammenhang von der „*Empathischen Zivilisation*". Nach seiner Ansicht sind es die Spiegelneuronen, die wesentlichen Einfluss auf unsere Sozialität und unser Zusammenleben haben. Er ist überzeugt, dass diese Neuronen unser doch meist friedliches und kooperatives Zusammenleben erst ermöglichen. Ich bezeichne dies auch als Gegenseitigkeit, Zusammenarbeit und Kooperation.

Die Zusammenarbeit und der gemeinsame Nutzen sind ein Teil unseres evolutionären Erbes, die Wissenschaft spricht hier vom sogenannten „*cooperative turn*". Die Kooperation ist wohl eine der wesentlichen Überlebens- und Überlegenheitsmerkmale unserer Spezies.

Wenn die Menschen heute wenig empathisch sind, dann kann das durchaus daran liegen, dass sie zwar empathisch empfinden, dies aber durch zu viel Stress oder Angst und der damit verbundenen Ausschüttung von Cortisol unterdrückt wird. Oder es handelt sich um die zwei Prozent der Menschen, deren empathisches System nicht ausreichend entwickelt wurde – in der Psychiatrie spricht man hier von Psychopathen.

Mangelnde Empathie ist eine Geißel. Sie hat uns in vielen Fällen genau in die Sackgassen gebracht, in denen die Menschen oftmals nicht wissen, wie sie sich diesen wieder entziehen können. Einen erheblichen Einfluss haben dabei sicherlich auch frühkindliche Erfahrungen und deren spätere „Bestätigung" im persönlich erlebten Miteinander.

Nicht unerwähnt bleiben sollte in diesem Zusammenhang, dass es auch Krankheiten wie den Autismus oder das Asperger-Syndrom gibt, bei denen die betroffenen Menschen überhaupt nicht deuten können, was der andere fühlt.

Wenn wir uns gegenwärtig an dieses kraftvolle Instrumentarium erinnern, dann gilt es wieder, ganz natürlich damit umzugehen. In der Psychologie werden Menschen anhand ihrer Verhaltensweisen möglichst wissenschaftlich kategorisiert und zu verschiedenen Gruppen zugeordnet. Dabei gehen ungesunde Verhaltensweisen selten nur auf Genetik zurück. Stattdessen führt vermutlich ein komplexes Zusammenspiel persönlicher, genetischer, sozialer, kultureller und noch einiger weiterer Aspekte dazu, dass Menschen irgendwann nicht mehr im Einklang mit sich selbst sind.

Problematisch wird es dann, wenn beispielsweise die Einflüsse von außen aus einem eigentlich unmenschlichen System kommen. Wenn Sie sich die „Checkliste" für Psychopathie anschauen, werden Sie eine Symptomliste finden, in der unter anderem steht: Mangelnde Empathie, Beziehungsschwäche, geringe Frustrationstoleranz und mangelndes Schulderleben sind vordergründige Erklärungen für das eigene Verhalten und unberechtigte Beschuldigung anderer. Drei dieser Merkmale müssen erfüllt sein, damit ein Mensch als antisozial und/oder persönlichkeitsgestört klassifiziert werden kann.

Und nun überlegen Sie sich einmal, wie viele Topleute in der Wirtschaft in dieses Schema passen könnten. Wahrscheinlich mehr, als man glauben möchte – aber nicht, weil diese Menschen wirklich Psychopathen sind, sondern weil uns das aktuelle teilweise „unmenschliche" Wirtschaftssystem derartige Verhaltensweisen ständig abverlangt und damit auch beibringt.

Sie werden auch feststellen, dass all diese Verhaltensweisen eine gesellschaftliche oder wirtschaftliche Rechtfertigung haben. Aber die große Frage lautet: Macht sie das dadurch menschenfreundlicher?

Wussten Sie, dass viele Menschen sich für ein Unternehmen entscheiden und es wegen seiner Vorgesetzten wieder verlassen? Ein möglicher und naheliegender Grund ist die mangelnde Empathie der Führungskräfte.

Zusammenfassend mögen Sie mir sicher zustimmen, dass die Erkenntnisse von Albert Mehrabian, wonach 55 Prozent unserer Kommunikationswirkung durch unsere Körpersprache, unsere Gestik und Mimik vermittelt und wahrgenommen werden, gar nicht so abwegig sind. Man hat sogar das Gefühl, dieser Prozentwert müsste noch deutlich höher liegen.

Nutzen Sie dieses Wissen doch ganz aktiv und verbessern Sie damit Ihre Kommunikationsqualität ganz entscheidend. Statt sich den Kopf zu zermartern, welche verbalen oder textlichen Botschaften Sie vermitteln wollen, fokussieren Sie zukünftig deutlich stärker auf die Art und Weise Ihrer Kommunikation und Präsentation.

## DER TON MACHT DIE MUSIK

Die Tonalität, also die klangliche Qualität unserer Stimme, „verursacht" 38 Prozent der sogenannten nonverbalen Kommunikationsqualität. Denken Sie beispielsweise an die Worte „Ich liebe Dich" – einmal sanft und voll sprachlicher Anmut geflüstert, ein anderes Mal im Befehlston völlig emotionslos dahingeplappert. Die entsprechende Wirkung muss ich gar nicht weiter ausführen. Das Sprichwort unserer Altvorderen „Der Ton macht die Musik" hat nichts an Relevanz verloren. Stimme und Tonlage definieren sich als eine bestimmte Frequenz bzw. Schwingung und erzeugen so zum Beispiel Sympathie oder Antipathie.

- Welche Schwingung wollen Sie erzeugen bzw. vermitteln?
- Fühlt sich das Gesagte bei Ihrem Zuhörer richtig, ehrlich und authentisch an?

Wussten Sie, dass die „Eiserne Lady" Margaret Thatcher über viele Jahre aktiv Sprachtraining absolviert hat, um ihre als viel zu hoch wahrgenommene Stimme um eine Oktave nach unten zu korrigieren?

Ergebnis war, dass Sie als erste gewählte Frau ihr Land führen durfte und die europäischen Geschicke über eine ganze Epoche maßgeblich mitgeprägt hat.

Die Tonalität hat offensichtlich die Aufgabe, ganz rasch zu erkennen, zu hören, ob jemand zu unserer sozialen Gruppe gehört oder nicht, und uns darüber hinaus ein Signal zu vermitteln, in welchem emotionalen Zustand sich jemand befindet.

„Menschen mögen Menschen, die so ähnlich sind, wie sie selbst", weiß die Evolutionsbiologie. Laut sprechende Menschen mögen laut sprechende Menschen. Das Gleiche gilt für softe Sprechtypen.

Hinsichtlich der Tonalität empfiehlt es sich deshalb, besonders empathisch hinzuhören, idealerweise die entsprechende Schwingung Ihres Gesprächspartners adäquat zu spiegeln und sich auf seinen Ton einzustimmen. Das Nichtwissen und vielleicht auch das Nichtberücksichtigen dieses Sachverhalts hat mich persönlich mit Sicherheit das eine oder andere Geschäft, den einen oder anderen Auftrag gekostet. Ich habe mich eben nicht ausreichend auf die Tonalität meines Gesprächspartners konzentriert, sondern meine mir eigene Art des Sprechens genutzt.

Als Führungskraft, als Vortragender und natürlich auch auf persönlicher Ebene, wo es auf die effektive und bestimmt auch überzeugende Vermittlung von Inhalten ankommt, ist also die Kongruenz zwischen Körpersprache und ihrer Tonalität bzw. Ihrer Stimmlage viel entscheidender als das gesprochene Wort und der Inhalt des Gesagten.

Verwenden Sie mehr Übung, Zeit und Konzentration auf diese Emotions- und Empathie-Kanäle, anstatt verzweifelt noch am verbalen Inhalt zu feilen. Am besten funktioniert das Ganze, wenn alles stimmt: die Körpersprache, die Gestik, die Mimik und die Tonalität.

Wieder begegnet uns unser archaisches Wahrnehmungssystem: Wenn es uns nicht gelingt, dass limbische, also das emotionale Gehirn bei unseren Zuhörern und Gesprächspartnern zu aktivieren, dann werden Sie auch keinen dauerhaften Eindruck bei Ihrem Gegenüber hinterlassen – ganz im Gegenteil:

Die Gefahr ist groß, dass nur wenig oder gar nichts ankommt und wir nicht als „Freund", sondern eher als „Feind" wahrgenommen werden.

Lassen Sie uns einen Schritt zum verbalen Inhalt und dem gesprochenen Wort machen: Ich möchte zunächst an das alte Sender-Empfänger-Modell erinnern. Was ist neben der richtigen Frequenz das wichtigste Element für eine erfolgreiche Konversation in diesem Modell?

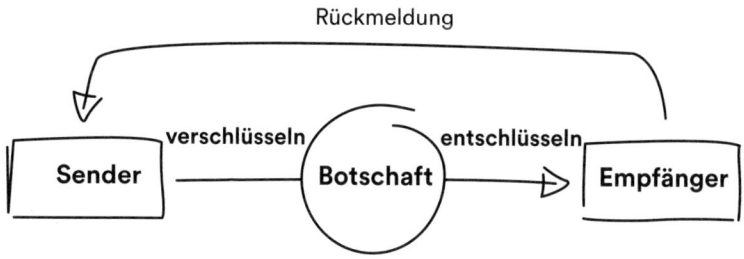

Darstellung eines vereinfachten Sender-Empfänger-Modells nach Claude Shannon und Warren Weaver.

Der berühmte gemeinsame Zeichenvorrat ist die Voraussetzung für die erfolgreiche Vermittlung von Inhalten. Es geht hier um die gewählten Worte, die Sprache und die zu vermittelnden Inhalte. Dabei kommen alle Aspekte der verbalen Kommunikation zum Tragen. Hochsprache in Abgrenzung zur Umgangssprache, wissenschaftliche Terminologien in Abgrenzung zum laienhaften Verständnis. Mediziner sprechen oft nicht für den Laien oder Patienten, sondern unterhalten sich unter ihresgleichen.

Die Frage, die Sie sich als Kommunikator stellen sollten, ist: Wollen Sie von allen verstanden werden, oder möchten Sie eine Sprache nutzen, die Sie als Mitglied einer gesellschaftlich anders oder höher gestellten Form identifiziert, als eine Art der hierarchischen und gesellschaftlichen Standortbestimmung? Wie der Arzt, Anwalt oder Fachmann, der durch seine Wortwahl seine vermeintliche Kompetenz und sein Wissen nicht nur deutlich, sondern auch aktiv unterstreichen und hervorheben möchte.

Für eine erfolgreiche sprachliche Kommunikation gilt doch wohl eher, die Sprache meines Empfängers zu sprechen sowie einfach, verständlich und klar zu bleiben. Im Business heißt das: „Die Sprache des Kunden sprechen".

Bei der Auswahl Ihrer Worte empfiehlt es sich, möglichst konkret zu bleiben. Die Inhalte, die schnell und eindeutig verstanden werden, und die Sprache, die durch Anschaulichkeit glänzt, wird eine deutlich höhere Kraft und Chance haben, um beim Publikum anzukommen. Also warum umständlich und „verkopft kodiert", wenn es auch einfach geht? Nur weil einfach in der Regel viel schwerer ist, als kompliziert zu bleiben?

*„Sprich, damit ich Dich sehen kann."*
Sokrates

Falls Sie neugierig sind und wissen möchten, welche Werte für Ihren Gesprächspartner besondere Relevanz haben, dann achten Sie auf die Worte, die er oder sie benutzt. Nichts liefert so schnelle und so eindeutige Botschaften über den Charakter und den Wertekanon eines Menschen wie seine Sprache und die betreffende Wortwahl.

Zuerst erkennt man den Typ und den bevorzugten Repräsentationskanal: Der Visualisierer redet auf „Augenhöhe", sieht etwas auf sich zukommen, während der Auditive etwas „nicht mehr hören kann", es für den Olfaktorischen „nach Verrat riecht" und es sich für den Haptiker „schlecht anfühlt". Weiterhin können Sie beobachten und heraushören, ob das Glas Ihres Gesprächspartners halbleer oder halbvoll ist.

Das Innere der Menschen manifestiert sich sozusagen durch das verbale Äußere.

*„Die Wahrheit kommt mit wenigen Worten aus."*

Laotse

Wer überzeugend vortragen kann, dem schenkt man Gehör – exzellente Führung ist ohne entsprechende kommunikative Stärken daher einfach undenkbar. Worte sind zu vergleichen mit Pfeilen: Wenn sie erst einmal den Bogen verlassen haben, dann gibt es kein Zurück.

Achten Sie sehr darauf, nicht vorschnell Pfeile zu verschießen, die Sie später bedauern.

Worte können Menschen nicht nur massiv psychisch verletzen, Worte können im extremen Fall sogar töten. Denken Sie dabei an den wenig empathischen Arzt, der seinem Patienten durch die Wortwahl jeden Funken Hoffnung raubt.

Gehören Sie zu denjenigen, die am meisten „Bitte" und „Danke" sagen! Ich verspreche Ihnen, dass diese kleine verbale Tugend einen erheblichen Beitrag zu Ihrem persönlichen, beruflichen und gesellschaftlichen Erfolg leisten wird. Machen Sie den Unterschied und zeigen Sie damit der Welt und Ihrem Umfeld Ihr Selbstverständnis und Ihre Wertschätzung – die besten Grundlagen für gute und erfolgreiche Kommunikation.

# WOLLEN SIE RECHT HABEN ODER GLÜCKLICH SEIN?

Beispiel eines indianischen „Talking Stick"

Ein weiteres wunderbares und sehr hilfreiches Instrument für die Lösung etwaiger Kommunikationsprobleme ist der „Talking Stick", den ich durch den inspirierenden Trainer Stephen R. Covey kennenlernen durfte. Der „Talking Stick" ist ein Element alter indianischer Tradition. Er basiert auf der Idee der empathischen Kommunikation: Nur wer den „Talking Stick" in seinen Händen hält, darf sprechen, und zwar so lange, bis er das Gefühl hat, von allen verstanden worden zu sein. Alle Zuhörer verpflichten sich, empathisch zuzuhören mit der eindeutigen Idee, zu verstehen und eben nicht zu antworten.

Dieses Instrument ist so unglaublich kraftvoll, hilfreich und effektiv, insbesondere bei der Lösung herausfordernder Situationen oder bei der Lösung ernster Konflikte in Beziehungen, der Familie oder im Business.

Was lächerlich und nach endloser Verlängerung und Verkomplizierung unserer Kommunikation klingt, ist in der Tat ein ganz besonderes Vehikel, Kommunikationsprobleme schnell und vor allem langfristig zu lösen. Durch das Commitment, eine problematische Situation auflösen zu wollen und empathisch zu kommunizieren, steht die Idee des „Talking Stick" bei mir ganz weit oben in der Wahl geeigneter Instrumente. Ich selbst habe damit die besten Ergebnisse erreicht und viele Konflikte auf diese smarte und einfache Art und Weise lösen können.

Probieren Sie es einfach aus:
Als „Talking Stick" dient Ihnen ein Stift, ein Löffel, oder
welches Element auch immer Sie auswählen. Starten Sie
gemeinsam mit Ihrer Familie. Sicherlich gibt es das eine
oder andere Thema, bei dem Ihre Kinder oder Ihr Partner
auch einmal anderer Meinung sind als Sie selbst.

In diesem Sinne lassen sich die gewonnenen Erkenntnisse
zum großen Thema der Kommunikation in den nachfolgenden
Kernsätzen zusammenfassen:

1. Die Absicht bestimmt die Qualität meiner Kommunikation.
2. Ich kommuniziere mit der Absicht zu verstehen, um
   dann zu antworten.
3. Die Stimmigkeit meiner Kanäle: Körpersprache, Mimik,
   Gestik, Tonalität und Worte erzeugen die Wirkung.
4. Die Qualität meiner Kommunikation erkenne ich immer
   an der Reaktion, die ich darauf erhalte.

# INSPIRE
# SOULS

# NUR WER SELBST BRENNT, KANN ANDERE ENTFLAMMEN

Inspiration: mein absolutes Lieblingsthema unter den drei Elementen geglückter Berufs- und Lebensführung. Warum? Es ist für mich die wichtigste Ingredienz für ganzheitlichen und langfristigen Erfolg. Inspiration entstammt dem lateinischen Wort „inspiratio" (das Einhauchen, die Eingebung, das Beseelen). Das Herz zum Schwingen bringen, seine Einzigartigkeit entdecken, seine Talente und Fähigkeiten erkennen und leben – all diese Ebenen in die Welt einbringen für ein besseres Ganzes, Brücken bauen zwischen Menschlichkeit und Business. Ich bin überzeugt, dass das geht und zudem deutlich erfolgreicher ist als das, was die meisten von uns täglich sehen und erleben. Die Tragödie im Leben ist nicht, dass wir sterben, sondern dass wir Dinge in uns sterben lassen, während wir leben. Wie viele Visionen und Träume hatten wir zu Beginn unserer Karrieren?

An welche Vorstellungen und Phantasien aus Ihrer
Kindheit können Sie sich wirklich noch erinnern?
Wie viel ist davon heute noch übrig geblieben?

Einzig unsere Inspiration ist in der Lage, uns die dafür notwendigen Impulse zu geben.

*„Die besten Reformer, die die Welt je gesehen hat, sind die, die bei
sich selbst anfangen."*
George Bernard Shaw

Mit diesem Spannungsbogen möchte ich mich nachfolgend dem
Thema Inspiration nähern und Sie einladen, sich inspirieren
und beseelen zu lassen, um dann in Ihrem persönlichen und
beruflichen Umfeld – der Familie, der Freunde, des Teams – Ihre
Mitmenschen zu inspirieren. Es geht darum, die eigene innere
Stimme zu hören und dann anderen zu helfen, deren innere
Stimme zu hören.

Was ist Ihr Motiv, was ist Ihr Call, was ist Ihre Berufung?

Liefert die Sprache nicht immer wieder wunderbare Hinweise? Die eigentliche Bedeutung des Wortes Beruf ist eben genau
das. Warum tun Menschen, was sie tun? Wofür schlägt ihr Herz
am intensivsten? Ich bin fest davon überzeugt, dass das „know
why" immer wichtiger wird als das „know how".

# START WITH THE „WHY"

Nach Simon Sinek geht es darum, die Eindeutigkeit unseres Warums mit der Disziplin des Wie und der Konsistenz des Was zu kombinieren.

Die meisten Unternehmen – und ich denke, das gilt auch für die meisten Menschen (mich lange Zeit eingeschlossen) – erklären, was sie tun, manche auch noch, wie sie es tun, aber nur die allerwenigsten kennen ihr Warum.

Diese Fragen sind für Sinek relevant:
- Warum tun wir, was wir tun?
- Warum stehen wir morgens auf?
- Warum sollte es jemanden interessieren?

Und warum glauben wir, dass dies gleichermaßen für unsere Mitarbeiter wie für unsere Kunden relevant sein sollte?

Simon Sinek hat bei seinen Überlegungen herausgefunden, dass genau dieses „Warum" erfolgreiche von weniger erfolgreichen Unternehmen unterscheidet. Wenn unsere Mitarbeiter das Warum nicht kennen, also nicht genau wissen, warum sie etwas tun, oder warum es sich lohnt, es zu tun, dann arbeiten sie in erster Linie für ihr Gehalt. Wenn sie hingegen an das glauben, was sie tun, dann arbeiten sie mit ihrem Herz und ihrer Seele.

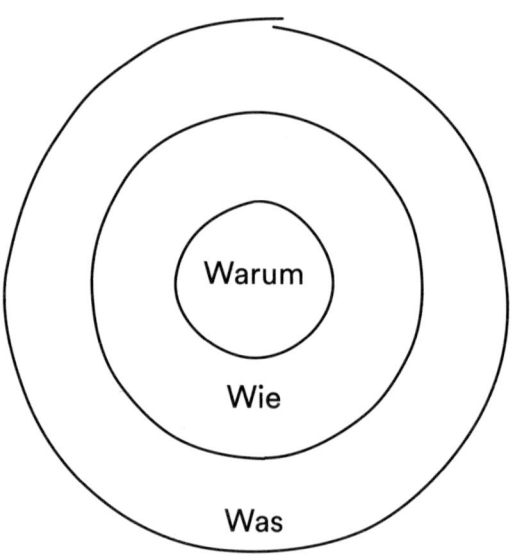

Darstellung nach Simon Sinek: Start With Why.

Von innen nach außen denken und fühlen ist nicht nur ein spannender Businessansatz, sondern auch Biologie. Genau in dieser Struktur präsentiert sich unser Gehirn: Der innere Teil ist unser ältestes Gehirn, das sogenannte limbische System. Dort sind die Emotionen beheimatet. Hier werden alle eingehenden Sinneseindrücke auf ihre emotionale Relevanz hin überprüft, hier werden Entscheidungen getroffen und hier wird festgehalten, wie wir uns erinnern. Dieses System kann mit Worten und Zahlen, also mit allem Abstrakten, nichts anfangen. Die emotionale Qualität, die in unserem limbischen System entsteht, beruht auf der Tatsache, dass es in Bildern und Geschichten „denkt".

- Welche Bilder haben Sie über sich selbst im Kopf?
- Welche Geschichten erzählen Sie sich selbst?
  Drama oder Komödie, Blockbuster oder Ladenhüter?
- Wie lautet das Drehbuch Ihres Lebens?
- Wo ist Ihre Freude, und wo ist Ihre Wahrheit?

Die Frage nach dem „Warum" liefert Ihnen zu diesen Fragestellungen genau die richtigen und notwendigen Antworten.

Tolstoi erkannte schon vor mehr als 200 Jahren, dass wir alle die Welt verändern wollen, aber dass niemand bei sich selbst anfangen möchte.

# DAS DREHBUCH IHRES LEBENS

*„Unsere Wünsche sind Vorgefühle der Fähigkeiten, die in uns liegen, Vorboten desjenigen, was wir zu leisten imstande sein werden."*

Johann Wolfgang von Goethe

Wie wirkt dieses Zitat auf Sie? Stimmen Sie ihm grundsätzlich zu? Das Prinzip der Selbstverantwortung und Selbstentwicklung steht über allem.

- Was würde Ihr Leben zu einem erfüllten und großartigen Leben machen?
- Wie möchten Sie, dass man sich an Sie erinnert?
- Welche Rollenerwartung möchten Sie erfüllen? Als Vater, Mutter, Bruder, Schwester, Tochter, Sohn, Kollege, Chef, Freund, Mitglied im Verein, als Teil der Gesellschaft?
- Was würde Ihre Firma zu einer großartigen Firma machen?
- Wofür brennen Sie?
- Wo ist Ihre Leidenschaft, wo Ihre Begeisterung?

Diese Frageliste lässt sich sicher umfänglich weiterführen. Letztlich geht es einzig darum, sich selbst durch profunde Fragen besser zu erkennen. Sie dienen sozusagen als eine Art Positions- und Zielbestimmung. Wie bei einem Navigationsgerät geht es darum, das Ziel zu definieren und sich danach auszurichten. Gleichermaßen wichtig ist es, zu wissen, von wo aus man losfährt, zu wissen und zu erkennen, wo man im aktuellen Moment seines Lebens steht, und zu akzeptieren, dass wir genau dort sind, wo uns unsere bisherigen Entscheidungen hingeführt haben.

Wollen wir etwas an diesem Status quo verändern, dann müssen wir einfach eine neue Entscheidung treffen. Die Schwierigkeit ist dabei jedoch, der Entscheidung dann auch die entsprechende Tat folgen zu lassen.

*„Das große Ziel des Lebens ist nicht Wissen, sondern Handeln."*
Thomas Huxley

Unserer Welt mangelt es nicht an Erkenntnis – wir haben kognitiv eigentlich alles Wissen bei uns gespeichert. Im Prinzip wissen wir mehr oder weniger alles, was wirklich relevant ist. Aber handeln wir auch dementsprechend? Warum mangelt es uns so stark an der Umsetzung der Dinge und am Durchhaltevermögen? Ein möglicher Grund liegt sicherlich in dem Gedanken, dass wir nur dann aktiv werden, wenn wir es wirklich wollen.

*„Ich kann, weil ich will, was ich muss."*

Immanuel Kant

80 Prozent unserer Zielerreichung liegen in unserem Denken, dem sogenannten „Mindset", und nur 20 Prozent verbergen sich im eigentlichen Tun. In anderen Worten: Leben ist zu 10 Prozent das, was passiert, und zu 90 Prozent, wie wir darauf reagieren.

Wie an anderer Stelle bereits beschrieben, werden wir unser Verhalten nur dann dauerhaft verändern, wenn wir unsere Sicht auf die Dinge und die Welt verändern. Erst wenn sich unsere mentalen Landkarten verändern, ist auch eine dauerhafte Verhaltensänderung zu erwarten. Es geht nicht darum, nach dem Sinn des Lebens zu fragen, sondern zu erkennen, dass wir es sind, die gefragt werden.

Ich bin davon überzeugt, dass wir uns nur dann nachhaltig verändern und uns in neue Richtungen bewegen können, wenn in uns ein hohes Maß an emotionaler Kraft vorhanden ist. Emotion heißt „E-Motion", Energie in Bewegung, oder die Energie, die uns bewegt.

Jeder Einzelne von uns muss zutiefst von der Sinnhaftigkeit und dem Nutzen seiner Bemühungen überzeugt sein. Wir brauchen die Passion, die Begeisterung, die Leidenschaft, das Feuer, denn auf unserem Lebensweg wird uns so manche Aufgabe überraschen, die uns wirklich herausfordert und die wir nur dann meistern, wenn wir ausreichend innere Energie besitzen.

Man könnte in diesem Zusammenhang auch von der inneren und äußeren Wirklichkeit, vom inneren und äußeren Spiel sprechen. Erst muss man das innere Spiel gewinnen, dann kann man ziemlich sicher sein, dass man auch das äußere gewinnt. In der anderen Reihenfolge wird es ziemlich schwierig werden. Die erforderliche Energie und das notwendige Durchhaltevermögen stellen sich erst dann ein, wenn man das, was man tut, wirklich liebt.

*„Je mehr Vergnügen Du an Deiner Arbeit hast, desto besser wird sie bezahlt."*

Mark Twain

Dann ist man bereit, zu kämpfen und sich den möglichen Widrigkeiten zu stellen, weil das innere Feuer brennt und die notwendige Energie bereitsteht. Falls wir das, was wir tun, nicht lieben, geben wir auf – und das Tragische ist, dass die meisten Menschen leider allzu oft einfach aufgeben.

*„Lass Dich nicht davon abbringen, was Du unbedingt tun willst. wenn Liebe und Inspiration vorhanden sind, dann kann es nicht schiefgehen."*

Ella Fitzgerald

Also folgen wir doch der guten Ella in unserem eigenen und unser aller Interesse. Die Welt braucht Menschen, die Freude am Leben haben und die uns als Leuchtturm den Weg weisen. In der persönlichen Entwicklung geht es dann von „hard work" zu „heart work."

# DIE WELT (ENDLICH) MIT ANDEREN AUGEN SEHEN

Ich möchte an dieser Stelle offen zugeben, dass es zu Beginn meiner spirituellen und philosophischen Reise eine nur schwer zu akzeptierende und verdauliche Botschaft war, als mein Coach Dr. Chuck Spezzano in einer unserer ersten Begegnungen zu mir sagte: „Bert, if you work hard, something is not working."

Was will der denn von mir, dachte ich. Ich war doch absolut sicher, dass mein Glaubenssatz „Von nichts kommt nichts" mir auf meinem vermeintlich erfolgreichen Karriereweg immer gute Dienste geleistet hatte. Ein bestimmtes und notwendiges Maß an Quälerei und Aufopferung gehören doch zu einem richtigen Unternehmer dazu. In meiner damaligen Wahrnehmungswelt war das die natürlichste Sache der Welt.

Und in der Tat meinte er wohl sehr richtig meine innere
Motivation. Heute hören wir so oft von der totalen Erschöpfung
vieler Manager, dem Burnout, der aber nur dann zum Tragen
kommt, wenn man nicht seinem Herzen folgt, sondern anderen
vermeintlichen Idealen. Vielleicht den Dingen, die man uns als
die für uns richtigen mit auf dem Weg gegeben hat. Oft sind es
jedoch in erster Linie rein materielle Ziele, denen wir hinter-
herlaufen. Materielle Werte sind gut, aber aus meiner Sicht
sind sie nicht Ziel, sondern das Ergebnis eines erreichten Ziels
bzw. vielmehr das Resultat eines erfüllten Lebens.
Nicht um das Haben geht es, sondern um das Sein. Von der Idee:
Erst muss ich haben, dann kann ich sein, halte ich aus ganz
persönlicher Erfahrung gar nichts.

Als Vater habe ich erlebt, dass es einen sehr großen Unterschied macht, in welcher Stimmung man den Kindern begegnet.
Lange Arbeitszeiten des Vaters sind überhaupt kein Problem,
wenn der Papa mit entsprechend positiver Energie nach Hause
kommt. Wohingegen die negative Energie des Vaters, der schon
um fünf Uhr nachmittags mit mieser Laune nach Hause kommt,
von den Kindern so wahrgenommen wird, als seien sie selbst die
Ursache.

> Sollten Sie nicht Ihrem Herzen folgen wollen, dann tun Sie
> es bitte für Ihre Kinder. Zeigen Sie ihnen, dass das Leben ein
> schönes, erfülltes und lebenswertes Leben ist, und dass wir
> alle ein Recht auf ein glückliches Leben haben. Wir haben
> nur dieses eine Leben, also warum sollten wir es mit
> Unglücklichsein und Schwermut belasten.

Es brauchte Einiges an Reifezeit, bis ich zur Überzeugung

gelangte, dass Dr. Spezzano Recht hatte und ich seine Botschaft annehmen konnte. Heute bestätigt mir die Hirnforschung die Richtigkeit seines Gedankens.

*„Unser System (Gehirn) nimmt jede Herausforderung an,*
*es bedarf nur des richtigen Düngers für unser Gehirn."*

Prof. Dr. Gerald Hüther

Gerald Hüther übersetzt dabei den Begriff Dünger mit Begeisterung. Für die Dinge, für die wir uns begeistern, steht immer ausreichend Energie zur Verfügung. Ich erinnere mich in diesem Zusammenhang an ein überzeugendes Beispiel von einem 80-jährigen Zeitgenossen, der sich in eine 60-jährige Chinesin verliebte: Nachdem sie ihrem Liebsten sagte: „Schatz, ich möchte gemeinsam mit Dir zurück in meinen Kanton", schaffte es dieser Mann, in nur einem Jahr fließend Chinesisch zu sprechen und zu verstehen.

Wie geht das? Seine „Liebe und Begeisterung" hat ihm die notwendige Energie dazu geliefert. Glauben Sie, dass er das auch geschafft hätte, wenn er sich ohne große innere Motivation in die Volkshochschule zum Chinesisch-Kurs gezwungen hätte? Wohl kaum.

Das Phänomen des über sich Hinauswachsens und Entfaltens ist aus Sicht der Wissenschaft ein neurobiologisches menschliches Grundbedürfnis. Es hat einen erheblichen Einfluss auf unsere Gesundheit und unser Wohlbefinden.

„Fun makes the brain run" – es braucht Freude, Leichtigkeit, Begeisterung und Passion, damit ein erfülltes Leben gelingen kann.

In diesem Zusammenhang möchte ich eine Studie erwähnen, die Ellen Langer, eine Professorin der Harvard University, gemeinsam mit ihrer Kollegin Judith Rodin bereits 1976 in einem Altenheim durchgeführt hat: Im Rahmen der Studie wurde einer Gruppe mitgeteilt, dass sie sich um nichts kümmern müsse, da für alle Aufgaben ausreichend Pflegekräfte bereitständen, und dass diese die Verantwortung übernehmen würden. Der anderen Gruppe wurden Aufgaben und Verantwortung für bestimmte Aspekte übertragen: für das gemeinsame Mittagessen, die inhaltliche Ausgestaltung der Freizeitaktivitäten und vieles mehr.

Nach 18 Monaten wurden zwischen beiden Gruppen entscheidende Unterschiede festgestellt: Bei der aktiven Gruppe hatten sich der Gesundheitszustand, die gemeinschaftlichen Aktivitäten und die allgemeine Lebensfreude verbessert. Ellen Langer und ihr Team kamen zu dem noch erstaunlicheren Ergebnis, dass die Sterblichkeit der aktiven Gruppe um 50 Prozent niedriger lag als die der passiven Gruppe!

Ist das nicht ein wunderbarer Sachverhalt, der uns allen Anlass zum Überdenken vieler unserer Realitäten geben sollte?

*„Der Optimist ist meistens genauso im Irrtum wie der Pessimist, aber er ist glücklicher dabei.“*
Karl Neff

Der weiter vorne beschriebene Effekt der „self-fulfilling prophecy" ist uns Menschen also schon lange bekannt. Handeln wir auch danach? Die Freude und die Begeisterung sind die Wirkkräfte, die wir brauchen, um buchstäblich Berge zu versetzen.

Aktuell spricht die Neurowissenschaft in diesem Zusammenhang auch von dem Phänomen der Neuroplastizität, das heißt, dass sich unser Gehirn ein Leben lang durch die an es gestellten

Anforderungen verändern und weiterentwickeln kann – oder eben auch nicht. Vielleicht haben Sie die Aussage „use it or loose it" in diesem Zusammenhang schon einmal gehört.

- **Wie schaffen Sie Begeisterung?**
- **Wie wecken Sie bei sich selbst und anderen Begeisterung?**

Hierzu gibt es eine kleine Formel, die ich Ihnen als gedankliche Brücke vorstellen möchte.

## BEGEISTERUNG = ERWARTUNGSHALTUNG + X

Was ist Ihr X?

Begeisterung entsteht dann, wenn die eigene und die Erwartung unserer Mitmenschen durch das, was wir tun, übererfüllt werden. Es geht um das „X", das Besondere, das Extra. Überlegen Sie selbst, was das für Sie, Ihre Liebsten, Ihre Chefs, Ihre Kunden sein kann.

Spielen Sie mit der Idee und dieser einfachen Formel und überlegen Sie ab jetzt (zumindest immer dann, wenn es besonders darauf ankommt), was Ihr „X" ist. Bei jeder Aufgabe, bei jedem Projekt, in allen Belangen geht es mit Sicherheit auch noch ein kleines Stückchen besser. Das macht dann den Unterschied zwischen gut und exzellent aus.

Bestätigt wird dieser Sachverhalt übrigens auch durch die Glücksforschung, die uns sagt, dass Glück dann entsteht, wenn die Erwartung übertroffen wird.

Die Begeisterung braucht aber noch ein weiteres Element, nämlich den notwendigen Fokus, die Konzentration auf das Wesentliche.

*„Where Attention goes Energy flows;*
*Where Intention goes Energy flows!"*
James Redfield

Fokussierung ist ein zentraler Strategiebaustein, wenn es darum geht, seine Ziele zu erreichen. Vergleichen Sie einfach eine 20-Watt-Glühbirne mit einem Laserstrahl, oder denken Sie an ein Brennglas.

Die Konzentration auf einen Punkt bringt das Feuer zum Brennen. Wir sind in erster Linie für uns selbst verantwortlich und sollten uns deshalb kontinuierlich in allen Lebensbereichen schulen, bevor wir die Verantwortung für andere übernehmen. Wer sich selbst führen kann, darf auch die Führung anderer übernehmen.

Dies ist die zentrale Botschaft meines Leadership-Ansatzes und deshalb ist es enorm wichtig, darauf zu achten, auf welche Themen, Sachverhalte und Emotionen Sie Ihren Fokus legen.

Viele Menschen leiden heute am sogenannten „broken focus syndrome". Wir sind ständig abgelenkt, immer und überall erreichbar, aber ohne wirklich erkennbare zielführende Konzentration auf die wenigen wirklich wesentlichen Elemente unseres Lebens.

Unsere Energie fließt in die Bereiche, auf die wir uns konzentrieren. Fokussieren wir uns auf die negativen oder eher auf die positiven Ebenen in unserem Leben? Positiv wäre heil- und ratsamer, denn unsere Energie sollte dahin fließen, wo sie Entwicklung und Wachstum ermöglicht und nicht Schrumpfung und Rückschritt.

- Achten Sie auf Ihre mentale Ausrichtung und meiden Sie nach Möglichkeit negative Energiefelder. Diese sind sehr ansteckend und können eine zerstörerische und vor allem gesundheitsschädliche Auswirkung haben.
- Hüten Sie sich zudem vor negativen Menschen, denn diese finden in jeder Lösung ein Problem. Heute beweist uns die Wissenschaft der Positiven Psychologie, dass negative Energien und Stimmungen genau so ansteckend sind, wie ein Grippe-Virus.

*„Vorbehalte in sich zu tragen ist so, als würde man Gift trinken und darauf warten, dass der andere daran stirbt."*

Nelson Mandela

Ich übersetze Vorbehalte auch mit Ärger und Wut. Lassen Sie das bitte bleiben, im eigenen Interesse und im Interesse Ihrer Gesundheit.

Achtsamkeit ist hier ein weiteres Schlüsselwort – das intensive und bewusste Wahrnehmen, die Konzentration auf die kleinen und feinen Elemente des Alltags, die Wertschätzung für die vielen Geschenke des Lebens, die Pracht und Kraft der Natur, das Singen der Vögel, das Lachen der Mitmenschen und die besonderen Begegnungen und Überraschungen, die das Leben für uns bereithält. Genießen Sie diese Momente mit voller Aufmerksamkeit.

Stellen Sie sich ein Wasserglas vor, in das Sie zwei Löffel Sand geben und diesen verrühren. Versuchen Sie nun, durch das imaginäre Glas zu blicken: Sehen Sie noch was, oder ist alles einfach trüb? So wie der Sand durch das Glas wirbelt, so wirbeln unsere Gedanken in jedem Moment durch unseren Geist. Was würde passieren, wenn wir einfach für einen Moment aufhören würden zu rühren? Der Sand würde zum Boden des Glases sinken und wir hätten plötzlich einen ganz anderen „Durchblick".

- Je mehr Sie auf sich und Ihre innere Stimme hören und sich in der Wahrnehmung Ihrer Emotionen als Ausdruck einer unumstößlichen ehrlichen Körpersprache schulen, desto „durchlässiger" werden Sie und desto leichter können Sie Energien empfinden und wahrnehmen. Ihr sicheres Gespür schützt Sie dann auch vor der Identifikation mit der „dunklen Seite der Macht".
- Bleiben Sie im Licht und werden Sie ein „Krieger des Lichts", denn jede noch so kleine Kerze ist stärker als die kraftvollste Dunkelheit. Ihre Aufgabe, Ihre Berufung in diesem Leben ist es, ein erfülltes Leben zu leben und sich im Vorfeld klar zu machen, was ein erfülltes Leben für Sie ganz persönlich bedeutet.

Der Preis der Disziplin ist dabei mit Bestimmtheit immer geringer als der Schmerz des Bedauerns. Ich kann aus eigener Erfahrung sagen, dass das Bedauern immer ein schmerzhafter Prozess ist, und dass dieser auch viel schrecklicher ist, als den berühmten inneren Schweinehund zu überwinden.

Stellen Sie sich vor, Sie würden eine einzigartige Lebenschance verpassen oder die Liebe Ihres Lebens oder auf dem Totenbett bedauern, nie richtig gelebt zu haben, der Welt nicht Ihre eigene und einzigartige Musik geschenkt zu haben.

Oft beginnt es schon damit, aufmerksam und wachsam zu bleiben, damit aus „Ferkelwelpen" eben erst gar keine „Schweinehunde" werden. Die Überwindung der eigenen Bequemlichkeit stellt für die meisten von uns eine große Herausforderung dar. Aber es lohnt sich aus meiner Sicht immer, den einen kleinen Schritt in die Aktivität zu gehen.

Eine hilfreiche Idee zur Überwindung innerer Widerstände ist die „Regel von 21". Worum geht es dabei?

Unser Gehirn ist zum einen eine große Erinnerungsmaschine, zum anderen bildet es für Routineaufgaben bzw. immer wiederkehrende Themen sowie für bestimmte innere Einstellungen bzw. Glaubenssätze eine Art Autobahn. Man denkt nicht gezielt über diese Dinge nach, sondern man macht das, was man schon immer gemacht hat.

Um diese Verhaltensmuster zu ändern, müssen neue Autobahnen im Gehirn angelegt und gebaut werden. Neue Gewohnheiten bedürfen aber einer besonderen Aufmerksamkeit und einer gewissen Dauer des Trainings – genau hier setzt die „Regel von 21" an.

- Setzen Sie sich bewusst und gezielt die Aufgabe, Ihr neues Verhalten über 21 Tage in Folge anzuwenden. Machen Sie das, was Sie vorhaben, jeden Tag zu einer festen Routine.
- Nach diesen 21 Tagen wird aus einem neuen Verhalten plötzlich eine neue Gewohnheit, und Sie fühlen, dass die Dinge dann wie von alleine gehen.

Ich möchte Ihnen eine konkrete 21-Tage-Aufgabe stellen: Schreiben Sie jeden Morgen drei Dinge auf, für die Sie dankbar sind, und nach 21 Tagen haben Sie nicht nur eine Sammlung von mehr als 60 positiven Impulsen, sondern plötzlich „denkt" Ihr Gehirn ganz automatisch morgens zunächst an die Dinge, für die Sie dankbar sind.

## THE SECRET OF WINNING IS JUST BEGINNING

Wenn wir unsere Fitness verbessern, dann verbessern wir auch unser Business. Die Aussage klingt wie eine schnöde Behauptung, aber erinnern Sie sich noch an das Thema mit der körpereigenen Biochemie? Wie kommt die Wirklichkeit in unseren Kopf?

- Welchen biochemischen Mix, welche Hormone möchten Sie in Ihrem Körper aktivieren, um einen klaren Kopf und einen Körper voller Energie zu erhalten?
- Woher nehmen Sie die notwendige Kraft und Ausdauer für die besonderen Anforderungen als Kapitän auf Ihrem eigenen Schiff, als Vorbild für Ihr Team und als Quelle der positiven Inspiration für Ihre Familie und Freunde?
- Wie viel Energie brauchen Sie auf dem Weg zum dauerhaften persönlichen und beruflichen Erfolg?

In der Regel ist niemand auf den Gipfel eines Berges gefallen. Dort anzukommen ist das Ergebnis eines eindeutigen Willens und einer starken Vitalität. Ihre Gesundheit, Ihr körperliches Wohlbefinden und Ihre Fitness sind ihr größter Besitz. Sie haben nur diesen einen Körper, auf den Sie ganz besonders acht geben sollten.

Nehmen Sie sich wichtig und setzen Sie für sich die erforderlichen Prioritäten. Etablieren Sie Ihre eigenen Rituale: Für die körperliche und sportliche Aktivität sollten Sie nicht drei mal zehn Minuten trainieren, sondern fünf Stunden pro Woche einplanen. Ihre Woche hat 168 Stunden – drei Prozent Zeitinvestment sollte Ihnen Ihr Körper und Ihre Fitness allemal wert sein.

# FREUDE – WAHRHEIT – ERFOLG

Sie bestimmen und mixen Ihren ganz persönlichen Stoffwechsel. Mixen Sie ihn so, dass Sie sich wohlfühlen. Sie werden überrascht sein, wie viel Energie und positive Ausstrahlung Sie dazugewinnen können. Es ist fast schon eine Binsenweisheit, aber wer so sein möchte, wie die drei bis fünf Prozent der Erfolgreichen, der sollte sich auch so verhalten.

Ihr Körper ist immer für Sie da, er zeigt Ihnen durch den einen oder anderen auch schmerzlichen Impuls an, wohin sich Ihre Aufmerksamkeit richten sollte. Die körperliche Betätigung ist übrigens auch die beste Strategie, negative Stimmungen und Gefühle zu eliminieren. Wir haben bereits erfahren und gelernt, dass durch Bewegung und Aktivität Glückshormone freigesetzt werden können.

Es mag Überwindung kosten, besonders am Anfang – aber der Effekt wird Sie freuen. Ihr Körper hilft Ihnen immer, aus einer negativen Energiespirale herauszukommen. Das beginnt schon beim rhythmischen Ein- und Ausatmen, bei der entsprechenden Körpersprache und Mimik und findet seinen besonderen Ausdruck in der sportlichen Betätigung. Und nicht zu vergessen: die erheblichen Einflüsse unserer Ernährung, also die Energien, die wir darüber aufnehmen oder auch nicht. Nutzen Sie doch Ihre ganz eigene somatische Intelligenz.

Gerne möchte ich unter diesem Aspekt den Gedanken von der „Erneuerung auf den vier Ebenen des Seins" kurz ausführen: Wir sind Menschen, und wir brauchen auf den Ebenen der physischen, der mentalen, der sozialen und der spirituellen Dimension eine kontinuierliche Achtsamkeit, Aufmerksamkeit und Erneuerung.

Im Einzelnen können das Themen wie Ernährung, Bewegung, geistige Herausforderung, intellektuelle Weiterentwicklung, der Austausch mit Freunden, Kollegen, Familie oder die Beschäftigung mit unseren Glaubenssätzen, unseren Werten und unserer Lebensphilosophie sein.

- Um dauerhaft kraftvoll präsent und erfüllt sein zu können, brauchen wir alle diese Momente des Innehaltens, die Momente der Regeneration, die Momente für uns ganz persönlich. Ein erfülltes Leben bedingt die Achtsamkeit mit sich selbst. Auf all diesen vier Ebenen lässt sich die Regel von 21 übrigens ganz hervorrangend anwenden.

- Nur wenn Sie voller Energie und positiver Tatkraft
  agieren, können Sie Ihre kühnsten Träume verwirklichen, vor allem auch für andere da sein und von Ihrer
  Kraft abgeben, die sich dadurch potenziert.

Nur wer selbst erfüllt ist, kann auch andere Menschen auf Ihrem
Weg zu einem erfüllten Leben begleiten.

## LIVING MEANS GIVING

Wir bekommen das vom Leben zurück, was wir in jedem
Moment hineingeben, oder man kann nur ernten, was man
gesät hat. In diesem Zusammenhang möchte ich einen weiteren
inspirierenden Gedanken hinzufügen: „Big Five for Life".

- Was sind für Sie die fünf wichtigsten Dinge in Ihrem
  Leben? Denken Sie darüber nach und definieren Sie
  diese.

Meine persönlichen „Big 5" sind zum Beispiel meine Familie,
meine Beziehungen, meine Finanzen, mein Körper und meine
Seele.

Nachdem Sie Ihre „big rocks" formuliert haben, sollten Sie es
sich zur Gewohnheit machen, einen Wochen- und gegebenen-
falls sogar einen Tagesplan zu führen. Nehmen Sie sich die Zeit
und schreiben konkret die Aktivitäten und Maßnahmen auf, die
Sie für Ihre „Big 5" auch wirklich tun werden.

Nur die Bereiche, denen wir unsere Aufmerksamkeit widmen,
können sich entfalten. Das ist wie in der Natur: Die Pflanze, der
wir keine Zuwendung und vor allem nicht ausreichend Wasser
geben, geht ein.

- Sagen Sie Ja zu Ihrem Leben und machen Sie sich und Ihre fünf großen Themen zur Priorität Nummer 1.

Hier möchte ich Ihnen noch einen weiteren Erfolgsbaustein mit auf den Weg geben: absoluter Fokus auf Details. Denn es sind genau diese „Kleinigkeiten", die den Unterschied ausmachen.

Im Durchschnitt sind wir alle gut, aber was unterscheidet Mittelmaß von Spitzenleistung? Ich bin überzeugt, dass in den meisten Fällen die totale Ausrichtung und Konzentration auf die kleinen, aber feinen Details ausschlaggebend ist.

In der Formel 1 haben alle Autos mehr oder weniger die gleichen Voraussetzungen, trotzdem sind wenige ganz vorn, die meisten im Mittelfeld oder sogar abgeschlagen dahinter. Es liegt sicherlich nicht nur am Budget der Rennställe, sondern sicher auch an der Passion, der Hingabe und Konzentration auf die kleinen und feinen Details.

Sicherlich hat der Erfolg dort auch mit der totalen Verschmelzung zwischen Fahrer und Gerät zu tun. Das gleiche Prinzip gilt für Körper und Geist.

Denken Sie daran, dass wirkliche Transformation und Veränderung durch unseren Körper stattfindet. Aufmerksamkeit ist der Schlüssel dazu. Also denken Sie nicht nur mit Ihrem Verstand, sondern mit dem ganzen Körper.

## FLY LIKE AN EAGLE

Sie sollen fliegen wie ein stolzer Adler. „F.L.Y." ist aber auch ein leicht merkfähiges Akronym. Dieses steht für „first love yourself". Man muss sich selbst lieben, um von anderen geliebt werden zu können. Wie kann man erwarten, dass man von Dritten geliebt wird, wenn man sich selbst nicht liebt.

- Lieben Sie sich?
- Nehmen Sie sich einfach so, wie Sie sind?
- Sind Sie sich Ihrer Einzigartigkeit bewusst?
- Was macht Sie eigentlich glücklich?

Denken Sie daran, dass es eigentlich nur zwei große Kräfte in unserem Leben gibt: die Liebe und die Angst, das Licht und die Dunkelheit.

„Finsternis kann die Finsternis nicht besiegen, das kann nur das Licht." Das steht schon in der Bibel. Liebe und Vergebung sind die Antwort auf alle Herausforderungen, die Ihnen begegnen. Können Sie vergeben? Ihren Feinden? Sich selbst? Bleiben Sie immer im Licht.

*„Ein Tropfen Liebe ist immer viel mehr als ein ganzer Ozean Verstand."*
Blaise Pascal

Kennen Sie die Geschichte vom kleinen John Lennon: „Als ich fünf war, hat meine Mutter immer gesagt, dass es das Wichtigste im Leben sei, glücklich zu sein. Als ich später in die Schule kam, baten sie mich aufzuschreiben, was ich später einmal werden möchte. Ich schrieb auf: ›glücklich‹. Sie sagten mir, ich hätte die Frage nicht richtig verstanden, und ich antwortete ihnen, dass sie das Leben nicht richtig verstanden hätten.“

*„Das Glück ist das einzige, das sich verdoppelt, wenn man es teilt.“*

Albert Schweizer

Die Frage nach dem Glück und dem Glücklichsein mag abgedroschen klingen – es ist aber eine der wichtigsten Aufgaben im Leben, dafür zu sorgen, dass man sein Glück findet. Am Orakel von Delphi stehen die beiden Worte: „Gnothi seauton“ („Erkenne Dich selbst“, oder: „Werde, der Du bist“). Ich bin davon überzeugt, dass genau dort das Glück für jeden von uns zu finden ist.

Beim nächsten Mal, wenn Sie sich wieder einmal schwach fühlen oder Sie die Selbstzweifel wieder übermannen, dann fragen Sie sich genau in diesem Moment: „Wer könnte jetzt meine Hilfe benötigen?“ Ergreifen Sie die Initiative und handeln Sie.

Sie werden erleben, wie sich Ihre eigene Gefühlslage rapide zum Positiven verändert.

# QUELLE EWIGER INSPIRATION

Egal was Sie suchen, suchen Sie etwas anderes.
Egal was Sie tun, tun Sie etwas anderes.
Egal was Sie denken, denken Sie etwas anderes.

Bleiben Sie hungrig, neugierig und hören Sie nicht auf, bevor Sie Ihre Bestimmung gefunden haben. Machen Sie sich dafür Ihr fantastisches EPS-System zunutze. Vertrauen Sie sich Ihrem EPS an und lassen Sie sich damit zu Ihrem Lebensglück führen. Folgen Sie den positiven Energien der feinen Stimme Ihres Herzens. Das ist die Stimme, die niemals wertet und beurteilt, sondern die Ihnen Ideen, Hinweise und Richtungsempfehlungen zuflustert.

Setzen Sie sich nicht unter Druck auf der Suche nach dem einen Ziel, der einen Bestimmung – bleiben Sie offen und neugierig.

Der Sinn des Lebens ist das Leben selbst – die vielen kleinen
und größeren Momente, die überraschenden Ereignisse und
Begegnungen, die täglichen Aufgaben und Herausforderugen.
Ihre Offenheit bringt Sie Schritt für Schritt zu einem erfüllten
Dasein und macht ihr Leben zu einer Reise voller Glück.

Sagen Sie „Ja«„zu jedem neuen Tag – nehmen Sie ihn an
und wachsen Sie an ihm.

*„Sie suchen im Außen nach Vergnügen und Erfüllung, nach Wert-*
*schätzung, Sicherheit und Liebe, während sie einen Schatz in sich*
*tragen, der all diese Dinge beinhaltet und zugleich unendlich viel*
*größer ist als alles, was die Welt anzubieten hat."*

Eckhart Tolle

Hören Sie auf Ihre wahre innere Stimme. Folgen Sie Ihrer
Freude – erkennen Sie Ihre Wahrheit. Denken Sie immer daran,
Erfolg ist eine Folgeerscheinung – oder eben das, was folgt, wenn
man sich selbst folgt. Sie schreiben das Drehbuch Ihres Lebens.
Schreiben Sie einen Bestseller – ein Buch, das Ihre Kinder noch
ihren Kindern zum Lesen weitergeben werden.

Zusammenfassende Gedanken zur Inspiration:

> 1. **Ich bin die wichtigste Ressource in meinem Leben.**
> 2. **Ich kenne mein Warum.**
> 3. **Ich finde mein inneres Feuer und helfe anderen,**
>    **dieses Feuer zu entfachen.**
> 4. **Ich kann, weil ich weiß, dass ich will.**
> 5. **Tägliche Zuversicht weist mir den Weg.**

# MEINE GLAUBENSSÄTZE

# ICH ENTSCHEIDE MICH FÜR DIE WAHRHEIT.

# ICH GEHE DORTHIN, WO DIE LIEBE IST.

# ICH FOLGE MEINEM HERZEN.

# ICH HÖRE AUF MEINE INNERE STIMME.

# ICH HÖRE AUF „DEINE" STIMME.

# MEIN TAG BEGINNT UND ENDET IN DANKBARKEIT.

ICH VERTAUE MEINER
INNEREN INTELLIGENZ.

DANKE FÜR EINEN
WEITEREN TAG IM PARADIES.

DAS EINZIGE, WAS MICH AN-
GREIFEN KANN, SIND MEINE
EIGENEN GEDANKEN.

ICH BEKOMME DAS, WOFÜR
ICH BITTE.

KLEINE SCHRITTE FÜHREN ZU
GROSSEN ERGEBNISSEN.

# ICH BLEIBE IM LICHT, IN DER FREUDE UND LEICHTIGKEIT.

# ZUVERSICHT IST MEINE SICHERHEIT.

# DIE QUALITÄT MEINER ENTSCHEIDUNGEN BESTIMMT ÜBER DIE QUALITÄT MEINES LEBENS.

# ICH MÖCHTE DIE WELT ALS BESSEREN PLATZ VERLASSEN, ALS ICH SIE VORGEFUNDEN HABE.

# SCHLUSSGEDANKEN

Das Leben ist eine Reise und manchmal denke ich, vielleicht ist es auch so etwas wie ein Computerspiel: Wenn Sie in einem bestimmten Bereich gut sind, dann kommt immer das nächste Level, die nächste Herausforderung – also bekommen die „Guten" immer die schwierigeren Aufgaben. Vielleicht geht es genau um diese Frage: Wie spielen wir das Spiel des Lebens?

Für mich ist in diesem „Spiel" die wichtigste Komponente das eigene Urvertrauen. Die Gewissheit, dass alles gut ausgeht.

*„You can't connect the dots looking forward you can only connect them looking backwards. So you have to trust that the dots will somehow connect in your future."*

Steve Jobs

Aus der Distanz und im Rückblick mögen wir erkennen, dass „alles" seinen Sinn hat und hatte.

In diesem Sinne möchte ich gerne, so lange es mir vergönnt ist, meinen Weg weitergehen und meiner Mission gerecht werden, eben genau die Brücken zu bauen, die wir brauchen, um mehr Menschlichkeit und Freude in das (Business-)Leben zu bringen.

> Die Welt braucht Sie: jetzt! Die Welt braucht Sie als glücklichen und erfüllten Menschen. Sie sind das
> Vorbild, wir folgen Ihnen, denn Ihre Ausstrahlung macht Sie unwiderstehlich, und Ihr Lachen bringt unser Herz zum Schwingen!

Danke für Ihren Mut und Ihre Initiative – wenn wir zusammenhalten und uns immer wieder den Grundgedanken dieses Buches widmen, dann können wir nur gewinnen.

Jede noch so kleine Kerze ist immer stärker als die größte Dunkelheit – reichen wir uns die Hände und bringen wir das Licht in die Welt!

# DIE DEKADE DER MENSCHLICHKEIT IM ALPHABET

**Achtsamkeit**

Ein erfülltes Leben bedingt die Achtsamkeit mit sich selbst.

**Arbeit**

Wenn Sie und Ihre Mitarbeiter nicht nur für ihr Gehalt arbeiten, sondern weil Sie an das glauben, was Sie tun und wovon Sie überzeugt sind, und nicht nur auf Ihren Verstand, sondern auf Ihr Herz und Ihre Seele bauen, dann können Sie Ihren Unternehmenserfolg nicht mehr verhindern.

*„Je mehr Vergnügen du an deiner Arbeit hast, desto besser wird sie bezahlt."*
Mark Twain

### Bauchgefühl

Meine unternehmerische Erfahrung hat mich gelehrt, dass in den meisten Fällen 70 oder 80 Prozent Erkenntnisgrad für eine Entscheidung völlig ausreichen – das gute Bauchgefühl vorausgesetzt. Es ist so etwas wie die letzte Instanz für den Prozess der Entscheidungsfindung. Die Intuition weiß in der Regel, was das Richtige ist, und sie wird bei nachhaltiger Nutzung immer besser.

### Baum

Für mich ist die Persönlichkeit so etwas wie ein Baum, und der Charakter das entsprechende Wurzelwerk, das unser Wesen ausmacht. Darauf sollten wir unsere volle Aufmerksamkeit lenken.

### Begeisterung

Als Entdecker und Gestalter unseres Lebensweges sollten wir die Fackel der Begeisterung immer neu zum Entflammen bringen. Begeisterung ist eine Wirkkraft, die wir brauchen, um buchstäblich Berge zu versetzen. Sie entsteht dann, wenn die eigene und die Erwartung unserer Mitmenschen durch das, was wir tun, übererfüllt werden. Es geht um das „X": das Besondere, das Extra.

## Berufung

Nur wenn das, was man tut, von Herzen kommt, und nur, wenn der Beruf aus der Berufung kommt, wird ein erfülltes Berufs- und Privatleben möglich.

*„Die oberste Aufgabe, zu der wir berufen sind, ist für jeden, sein eigenes Leben zu führen."*

Michel de Montaigne

## Business-Romantik

Ich bin ein unverbesserlicher Business-Romantiker, der von einer Welt träumt, in der die Menschen das, was sie tun, gerne und mit Leidenschaft tun. Eine Welt, die geprägt ist von Kooperation statt von Konfrontation.
Auf meinem Weg sind mir immer wieder die drei Themen begegnet, die für eine dauerhafte und erfolgreiche Unternehmens- und Lebensführung entscheidend sind: Führung, Kommunikation und Inspiration.

**Charakter**

Nichts liefert so schnelle und so eindeutige
Botschaften über den Charakter und den
Wertekanon eines Menschen wie seine
Sprache und die betreffende Wortwahl.

**Commitment**

Durch das Commitment, eine problematische
Situation auflösen zu wollen und empathisch
zu kommunizieren, steht die Idee des
„Talking Sticks" bei mir ganz weit oben in
der Wahl geeigneter Instrumente. Ich selbst
habe damit die besten Ergebnisse erreicht
und viele Konflikte auf diese smarte und
einfache Art und Weise lösen können.

**Einzigartigkeit**

In unserer Einzigartigkeit liegen der
Schlüssel zum Glück und der Herzschlag zu
einem besseren Leben.

## Emotionen

Emotionen sind die Energien, die uns im wahrsten Sinne des Wortes unter die Haut gehen. In der Wissenschaft werden sie oft als unser Autopilot bezeichnet, der uns durch unser Leben steuert und unser Handeln in bestimmten Situationen ganz eigenständig vorbereitet.

*„Der Motor der Vernunft sind die Emotionen."*

António Damásio

## Empathie

Bei der Empathie handelt es sich nicht um einen Luxus der Natur – vielmehr ist sie die Fähigkeit zu fühlen, was der oder die andere fühlt. Wir alle haben ein gleichermaßen starkes Grundbedürfnis nach Zusammengehörigkeit: zur Familie, zum Freundeskreis, zum Glauben, zur Kommune oder zur Firma. Darin liegt die Befriedigung, die wahre und vielleicht einzige Quelle von Empathie und gemeinschaftlichem Erfolg.

**Energie**

Ich bin davon überzeugt, dass wir uns nur dann nachhaltig verändern können, wenn in uns ein hohes Maß an emotionaler Kraft vorhanden ist. Emotion heißt auch „E-Motion", Energie in Bewegung, oder die Energie, die uns bewegt.

*„Leiste der Angriffsenergie des Gegners keinen Widerstand, sondern sei im Fluss und siege."*
Eckhart Tolle

**Erfolg**

Da wo die Freude jedes Einzelnen ist, dort ist auch dessen ganz persönliche Wahrheit, und dort liegt eben auch die Quelle für den ultimativen Erfolg, der immer eine Folge von etwas ist, also ein Resultat, ein Ergebnis. Kurz: Erfolg ist das, was folgt, wenn man sich selbst folgt.

*„Wenn jeder Einzelne ›zusammen‹ vorwärts geht, dann muss man sich um Erfolg nicht kümmern."*
Henry Ford

## Feuer

Wenn das eigene innere Feuer brennt, ist
man bereit zu kämpfen und sich den
möglichen Widrigkeiten zu stellen, weil die
notwendige Energie bereitsteht. Falls wir
das, was wir tun, nicht lieben, geben wir auf
– und das Tragische ist, dass die meisten
Menschen leider allzu oft einfach aufgeben.

*„Werde zum Wächter Deines eigenen Feuers."*
Eckhart Tolle

## Fitness

Gesundheit, körperliches Wohlbefinden
und Fitness sind unser größter Besitz.
Wenn wir kontinuierlich an unserer Fitness
arbeiten, dann verbessern wir auch unser
Business.

## Freiheit

Die eigentliche Freiheit, die wir als
Menschen haben, ist die Freiheit der Wahl:
Wir können uns immer entscheiden, ob
wir so weitermachen wie bisher oder eben
nicht. Wir können unsere Einstellung zu

jedem Bereich unseres Lebens jederzeit neu definieren. Dies ist das große Geschenk an uns Menschen – unser freier Wille.

### Führung

Führung heißt, die Einstellung und das Verhalten von Menschen positiv im Sinne des Gesamtenzu beeinflussen und zu verändern. Dabei geht es nicht um Transaktion, sondern um echte Transformation. Mit Führung ist die Erkenntnis verbunden, die richtigen Dinge zu tun, und nicht nur, die Dinge richtig zu machen.

*„Das meiste, was wir als Führung bezeichnen, besteht darin, den Mitarbeitern die Arbeit zu erschweren."*

Peter F. Drucker

### Glück

Wir sind der Schmied unseres Glücks – niemand außer uns selbst ist dafür verantwortlich.

*„In uns selbst liegen die Sterne unseres Glücks."*

Heinrich Heine

## Handel

Handel ist vor allem die Begegnung von Menschen und nicht nur das Bereitstellen von Ware.

## Herz

Ich bin davon überzeugt, dass eine bessere Welt entstehen kann, wenn wir anfangen, noch stärker auf unser Herz zu hören und der Weisheit unserer inneren Stimme noch mehr zu vertrauen.

*„Man sieht nur mit dem Herzen gut. Das Wesentliche ist für die Augen unsichtbar."*

Antoine de Saint-Exupéry

*„Es muss von Herzen kommen, was auf Herzen wirken soll."*

Johann Wolfgang von Goethe

## Inspiration

Einzig unsere Inspiration ist in der Lage, uns die dafür notwendigen Impulse zu geben.

**Kommunikation**

Erfolgreiche Kommunikation basiert nicht auf der Vermittlung von Fakten, Zahlen und vielen Worten, sondern funktioniert in erster Linie über die Aktivierung unseres emotionalen Systems. Entscheidend ist nicht, dass etwas gesendet wird, sondern immer nur das, was beim Empfänger ankommt.

**Konzentration**

Wir sind ständig abgelenkt, immer und überall erreichbar, aber ohne wirklich erkennbare zielführende Konzentration auf die wenigen wirklich wesentlichen Elemente unseres Lebens. Unsere Energie fließt in die Bereiche, auf die wir uns konzentrieren.

**Leadership**

Wer sich selbst führen kann, darf auch andere führen. Die wichtigste Aufgabe im Leadership besteht für mich darin, Menschen zu unterstützen, ihre innere Stimme zu hören. Nur wer sie wahrnimmt, kann anderen helfen, die ihre zu hören.

## Liebe

*„Ein Tropfen Liebe ist immer viel mehr als ein ganzer Ozean Verstand."*

*Blaise Pascal*

*„Wir sind nur fähig, den anderen zu erkennen, zu verstehen und zu lieben, wenn wir auch fähig sind, uns selbst zu verstehen, zu lieben und zu kennen."„*

*Erich Fromm*

## Licht

*„Alles wird erkannt, sobald es dem Licht ausgesetzt wird, und was immer dem Licht ausgesetzt wird, wird selber zu Licht."*

*Apostel Paulus*

## Loyalität

Es ist nicht tragisch, einen neuen Kunden nicht zu gewinnnen, aber fatal, einen bestehenden Kunden zu velieren.

## Machbarkeit

Einfach machen ist ein zentrales Thema der Führung.

## Moment

Wer die Zukunft verstehen will, braucht ein neues Verständnis des Jetzt.

*„Mache den Moment zu Deinem Freund und Verbündeten, nicht zu Deinem Feind. Das wird auf wundersame Weise Dein ganzes Leben verwandeln."*

*Eckhart Tolle*

### Motivation

Das Tor zur Motivation kann nur von jedem selbst von innen heraus geöffnet werden.

### Nachhaltigkeit

Nachhaltigkeit heißt für mich, den Menschen in den Mittelpunkt zu stellen. Dauerhafter Erfolg im Berufs- und Privatleben stellt sich allerdings nur dann ein, wenn eine vertrauensvolle Basis zwischen den Menschen entstanden ist.

### Neuromerchandising®

Neuromerchandising verbindet die Erkenntnisse aus Hirnforschung und Evolutionsbiologie mit den Realitäten und Notwendigkeiten des modernen Business. Ziel ist es, die Loyalität bei Mitarbeitern, Kunden und Lieferanten zu erhöhen und damit einen signifikanten und dauerhaften Wachstumseffekt auf Umsatz und Ertrag sicherzustellen.

**Point of Sale**

Dies ist nicht immer zwingend der Raum im Handel, sondern es ist immer der Bereich, in dem Menschen interagieren und Entscheidungen treffen. Die neuromerchandising® group betrachtet den PoS unter zwei Dimensionen: den Raum und die Menschen im Raum. Unter dem Aspekt Raum geht es in erster Linie um die Schaffung einer Wohlfühlatmosphäre für Mitarbeiter und Kunden, und unter dem Aspekt Mensch geht es um die Ebenen der zwischenmenschlichen Kommunikation.

**Qualität**

...ist, wenn der Kunde zurückkommt und nicht das Produkt.

**Recht**

Wollen Sie Recht haben, oder ein glückliches Leben führen.

### Sinn

Jeder Einzelne von uns muss zutiefst von der Sinnhaftigkeit und dem Nutzen seiner Bemühungen überzeugt sein. Mehr denn je gilt: Unternehmen, die Leistung fordern, müssen immer mehr Sinn bieten.

*„Sinn kann nicht gegeben werden, sondern muss gefunden werden."*
*Viktor Frankl*

### Transformation

Wirkliche Transformation findet durch unseren Körper statt.

### Urvertrauen

Ohne Urvertrauen, der Gewissheit, dass alles gut ausgehen wird, gibt es kein Vertrauen.

### Veränderung

Nicht nur der Kopf, sondern vor allem ein bewegtes Herz macht echte Veränderung überhaupt erst möglich. Erst muss es sich „richtig" anfühlen, und dann brauchen wir die positive Rückbestätigung unseres denkenden Verstandes.

**Verantwortung**

Wer bereit ist, Verantwortung für sich und andere zu übernehmen, der liefert damit auch Antworten und wird zum Kapitän auf seinem eigenen Schiff. Er bestimmt mit dem Kompass seines Herzens seinen Lebenskurs und wird so zum Vorbild für die Menschen in seinem Umfeld.

**Vertrauen**

Vertrauen ist die wichtigste Zutat, die wir in Bezug auf Vision und Aktion am meisten brauchen. Nichts arbeitet schneller als Vertrauen. In einer Vertrauenskultur gibt es kurze Wege, schnelle Entscheidungen und ein entsprechend effizientes Arbeiten, was von der gemeinsamen Sache geprägt ist und nicht vom Egotrip Einzelner.

*„Vertrauen ist eine Oase des Herzens, die von der Karawane des Denkens nie erreicht wird."*

Khalil Gibran

**Vision**

Eine Vision zu haben, heißt, sich ein Bild von einer besseren Zukunft zu machen. Aus der Vision entsteht die Strategie, der zielführende Weg. Wer ihn kennt, der kann ihn gehen, wer seinen Weg nicht kennt oder wem die klare Richtung fehlt, der „diskutiert" ihn. Die Welt braucht beides: Vision und Aktion, denn Vision ohne Aktion ist nicht viel mehr als ein Traum – wohingegen Aktion ohne Vision auch schnell ein Albtraum werden kann.

*„Denn das Gestern ist nichts als ein Traum und das Morgen nur eine Vision. Das Heute jedoch, recht gelebt, macht jedes Gestern zu einem Traum voller Glück und jedes Morgen zu einer Vision voller Hoffnung. Darum achte gut auf diesen Tag."*
Dschalal ad-Din Muhammad Rumi

**Wahrheit**
Der Weg der Wahrheit führt zu einer besseren Welt.

*„Die Wahrheit kommt mit wenigen Worten aus."*
*Laotse*

## Werte

Materielle Werte sind gut, aber aus meiner Sicht sind sie nicht Ziel, sondern das Ergebnis eines erreichten Ziels. Was wirklich zählt, ist Materie versus innere Werte – die wahre Innen- und Außensicht der Welt.

## Wertschätzung

Vertrauen und Zutrauen sind eine ganz besondere Form der Wertschätzung und Ausdruck von Bindung und Zugehörigkeit.

*„Sie suchen im Außen nach Vergnügen und Erfüllung, nach Wertschätzung, Sicherheit und Liebe, während sie einen Schatz in sich tragen, der all diese Dinge beinhaltet und zugleich unendlich viel größer ist als alles, was die Welt anzubieten hat."*
*Eckhart Tolle*

## Zeichen

Erfolg kann sehr verführerisch sein, und rückblickend hatte ich Glück, dass im rechten Moment immer ein hilfreicher Hinweis kam, der mich veranlasste, die Perspektive zu wechseln: Das war mal ein Buch mit dem Titel „Forever young" von Ulrich Strunz, das mich zum Ausdauersport und Marathonlauf brachte, mal war es das gute Gespräch mit Freunden, die mir ohne Hintergedanken ihre Meinung sagten – oder die Headline einer Werbekampagne.

Ich erinnere mich an eine große Plakatwand, auf der ich den Satz las:
„Wir müssen reden. Gott."
Oder das Graffiti an einer Hauswand:
„Erst willst du es besitzen, dann besitzt es dich". Überall steckten Botschaften, die bis heute auf mich wirken, als wurde mir ein „Verbündeter" gesendet.

## Ziel

Wer den Sinn seines Lebens und Handelns erkannt hat, steuert fast wie automatisch auf das richtige Ziel zu. Ohne Ziel stimmt jeder Weg.

*„Der ziellose Mensch erleidet sein Schicksal, der zielbewußte gestaltet es."*

*Immanuel Kant*

# MEIN WEG – DER KLEINE BERT UNTERWEGS IN DER GROSSEN WELT

Auf den folgenden Seiten beschreibe ich meine persönlichen Erfahrungen aus mehr als drei Jahrzehnten aktiver Arbeit in Marketing und Vertrieb und die daraus resultierenden Erkenntnisse. Gleichzeitig möchte ich berichten, was ich in dieser Zeit als Mensch, Ehemann und Familienvater von vier Kindern gelernt habe.

Dass ich diese Erfahrungen hier mit Ihnen teilen möchte, ist auch mit dem Wunsch verbunden, dass Sie wertvolle Blickpunkte für sich gewinnen. Das Leben kann immer nur als Ganzes, als Einheit gelebt werden. Die Trennung zwischen Beruf und Privatem funktioniert auf Dauer nicht und findet in Wirklichkeit auch gar nicht statt. Langfristiger und wirklicher Erfolg in der Karriere ist aus meiner Sicht ohne den Erfolg als Privatmensch nicht möglich.

Natürlich ist die Versuchung groß, für die Dinge im „Außen", für beruflichen Erfolg, Anerkennung, Geld, Auto, Haus, Ansehen und Macht auf das Wachstum im Inneren zu verzichten. Ich habe diese Phasen des „Habens" erlebt und möchte von meinen Erfahrungen berichten – nicht als Besserwisser, sondern als jemand wie „Du und ich".

## DER EINSTIEG IN MEIN BERUFSLEBEN

Ich bin zunächst mit der Idee des „Dienst ist Dienst und Schnaps ist Schnaps" ins Berufsleben gestartet. Am Arbeitsplatz hatten strenge Ernsthaftigkeit und Konzentration zu herrschen. Gut gelaunt und fröhlich könne man noch zu Hause sein. Diese Einstellung wurde mir als junger Auszubildender bei der Horten AG, später auch bei der MAGGI GmbH, insbesondere von den älteren Kollegen, sehr deutlich vermittelt, und ich hatte diesen Glaubenssatz auch schon aus anderen Unternehmen gehört. Was mich verblüfft: Er scheint bei der einen oder anderen Firma auch heute noch zu gelten.

Bald ist Feierabend, in zwei Tagen endlich Wochenende und im nächsten Jahr gibt es zwei Brückentage mehr. Sicher kennen Sie diese Aussagen. Doch wer so denkt und danach handelt, der verpasst sein Leben!

Wollen Sie Ihre Weltreise erst machen, wenn Sie in Rente sind, weil dann endlich gelebt wird? Was passiert denn mit den Dingen, den Wünschen und Vorhaben, die wir immer wieder aufschieben? Ich zumindest wünsche Ihnen und allen Menschen, dass sie sich Ihre Träume noch zu Lebzeiten erfüllen, bevor das Alter und die Gesundheit das vielleicht nicht mehr zulassen.

Der Gedanke, dass wir am Arbeitsplatz ernsthaft, konzentriert und sachlich agieren, quasi morgens in einen Anzug bzw. in eine Rolle schlüpfen, die wir brav bis zum Abend spielen, und der wir uns erst wieder entziehen, wenn wir diesen Ort wieder verlassen, ist schrecklich genug.

Sie mögen über diese Vorstellung schmunzeln, auch ich hing diesem Glauben an. Und es war ein langer Weg, zu lernen, dass dieser Gedanke nicht nur falsch, sondern auch gefährlich ist, denn er kann dazu führen, dass wir unsere Lebensarbeitszeit nicht ohne massive Schäden an Körper, Geist und Seele überstehen können.

Ich bin sehr dankbar, dass ich in meinen jungen Jahren bei der MAGGI einem Chef begegnet bin, meinem Ziehvater Friedhelm Schürmeyer, der mich gefordert, in erster Linie aber sehr gefördert hat – vieles habe ich ihm zu verdanken. Seit diesen Tagen verbindet uns eine tiefe Freundschaft und wunderbare menschliche Wärme.

Ich wünsche allen jungen Berufsanfängern, dass es ihnen vergönnt ist, einen ebensolchen Chef bzw. eine ebensolche Chefin kennenzulernen – einen charismatischen Vorgesetzten, der einem in erster Linie als Mensch begegnet und dadurch auch im persönlichen Bereich zu einem starken Inspirator wird.

Friedhelms Motto des „intelligent gegen die Regel verstoßen" hat mich und meine Arbeitsweise stark geprägt und dient mir häufig noch als eine Art Leitmotiv, gerade dann, wenn es in Meetings so gern heißt: „Das haben wir doch immer schon so gemacht!"

## MEINE KARRIERE NIMMT IHREN LAUF

Ich war ungeduldig und wollte schnell nach „oben", und durch mein Abendstudium erhielt ich viele neue Impulse. Ich lernte, dass man in kurzer Zeit schnell viel verdienen kann, und ich gebe zu, dass mich das lockte und ich – nach der schwierigsten beruflichen Entscheidung meines Lebens – MAGGI schweren Herzens verlassen habe.

Meine nächste Station führte mich in die Welt der Werbung und Verkaufsförderung. Das Abenteuer als Kundenberater, Texter und Konzeptioner in einer Agentur währte nur ein gutes Jahr. Es erwies sich zwar als gute Lebenslektion, richtig wohl gefühlt habe ich mich allerdings nicht. Mir fehlten die Struktur und die klaren Regeln des Unternehmens. Gefühlt hatte es bestimmt viel mit der Art der Führung, der Kommunikation vom Chef zum Mitarbeiter und der fehlenden Inspiration zu tun.

Wunderbarerweise ergab sich durch die persönlichen Kontakte und einer Verbindung meines Ziehvaters Friedhelm, dem ich von meinem Leid geklagt hatte, die Chance, mich bei Richardson WickPharma, einem erfolgreichen US-amerikanischen Konsumgüterunternehmen für Kosmetik und Gesundheitsprodukte, zu bewerben.

## DER JUNGE MANAGER

Ich erhielt den Job und damit das Privileg, dass ich nach meinen „Lehrjahren" bei MAGGI und in der Agentur im Alter von 26 Jahren Führungsverantwortung übernehmen durfte. Ich wurde der erste Promotionmanager des Unternehmens und war der jüngste Mitarbeiter im Marketingteam. Dort durfte und konnte ich meine ersten unmittelbaren Erfahrungen zu Führung, Kommunikation und Inspiration (in dieser Zeit sprachen und dachten wir noch in der Kategorie „Motivation") sammeln.

Meine Wahrnehmung war damals davon geprägt, dass ich Führung als sehr hierarchisch wahrgenommen und erlebt habe, nach dem Motto: „Ich bin der Chef, also habe ich Recht." Das war wenig motivierend.

Es gab aber auch die anderen Chefs – das waren diejenigen, die sich mehr als Coach und Teamplayer verstanden haben. Das fand ich spannend. Und für diese Chefs hat man sich auch viel lieber engagiert und ins Zeug gelegt. Ja, so wie sie wollte ich sein: einer von den „Guten" und kein „Apparatschick".

Die Übernahme des Unternehmens Richardson WickPharma durch Procter & Gamble im Jahr 1987 vermittelte mir einen ersten zarten Einblick in das Denken eines amerikanischen Großkonzerns. Ich erinnere mich unter anderem noch deutlich an unser erstes P&G-Seminar „How to write a memo".

„Was?", dachte ich mir, „Wollen die uns jetzt beibringen, wie man schreibt?" Ganz ehrlich, für mich ist das Memo-Writing-Seminar heute noch ein exzellentes Beispiel, wie man es in einer globalen Struktur mit mehr als 50.000 Mitarbeitern schafft, dass alle mit dem gleichen Kommunikationsverständnis untereinander korrespondieren.

Mit 29 Jahren, rückwirkend betrachtet immer noch ein wenig grün hinter den Ohren, aber zweifellos ausgestattet mit einem hohen Maß an Selbstbewusstsein, das sich durch meine guten Erfolge (die u. a. mit dem „General Managers Award" gewürdigt wurden) ausgebildet hat, wagte ich den Sprung in die Selbstständigkeit und damit auch in die Unsicherheit.

## MEIN SCHRITT IN DIE SELBSTVERANTWORTUNG

Ich kann mich noch gut erinnern, wie mich die Angst packte, nachdem ich den Mut aufgebracht hatte, meinen sicheren und persönlich aussichtsreichen Arbeitsplatz zu kündigen.

Ich muss schon etwas verrückt gewesen sein, war es doch ein großer Glücksfall, dass ich mich überhaupt in dieser Position mit all den Möglichkeiten befand, die ein international erfolgreiches Top-Unternehmen wie Procter & Gamble seinen Angestellten bieten konnte.

Mittlerweile konnte ich nicht nur auf ein recht ansehnliches Gehalt, sondern auch auf erkennbar gute Karriereoptionen blicken. Doch es gab etwas in mir, das stärker war als die Vernunft – eine ganz besondere Art der Kraft, die mich in eine neue Richtung ziehen wollte.

Irgendwie ging mir doch alles zu langsam, und ich hatte mich „nebenbei" auf die eine oder andere Beratungs- und Umsetzungsaufgabe für einen Freund eingelassen. Ich half bei einem Firmenevent und hatte plötzlich eine ganze Reihe von kleineren und größeren Projekten zu bewerkstelligen.

Als ich einen ganzen Messestand für Nixdorf realisieren sollte und mein Chef sich schon länger wunderte, warum sein Mitarbeiter Ohnemüller immer wieder tageweise Urlaub nahm, stand ich vor der Herausforderung, mich zu entscheiden.

Ich wusste, dass ich nicht auf Dauer weitere und immer anspruchsvolle Projekte realisieren und gleichzeitig meinen eigentlichen beruflichen Aufgaben gerecht werden konnte. Es war für mich eine ganz schwierige Phase der Entscheidung: „Was soll ich tun? Oh Gott, wenn das nichts wird mit der Selbstständigkeit, sitze ich dann auf der Straße?" All diese Ängste und Zweifel haben mich nicht mehr losgelassen.

In dieser Lebensphase hatte ich das Glück, einen ganz besonderen Menschen zu treffen und als Partner und Vertrauensperson an meiner Seite zu wissen: mein zweiter „Ziehvater" Karl Blum, mein ehemaliger Rhetorik-Dozent. Er gab mir mentale Kraft und Zuversicht, und er wurde mein philosophischer Coach. Er ist für mich bis heute, inzwischen 94 Jahre alt, immer noch ein überaus lebendiger Gesprächspartner, Impulsgeber und Quell der Inspiration. Ich verdanke ihm einen großen Teil meines heutigen Werteverständnisses. Ihm danke ich hier für die unzähligen wertvollen Anregungen und Impulse, seine Geduld mit mir und die gemeinsame Zeit.

Ich wünsche Ihnen, dass auch Sie ihre Ziehväter und -mütter finden, denn mit solchen Menschen an der Seite lässt sich Ihr Lebensweg viel leichter gehen.

## BMO ENTSTEHT: MEIN WEG INS UNTERNEHMERTUM

Mein Schritt in die Selbstständigkeit entwickelte schnell eine beachtliche Dynamik. Rückblickend bin ich schon ein wenig Stolz, dass ich den Geschäfts- und Unternehmensaufbau völlig ohne Fremdmittel und ohne große Ersparnisse geschafft habe. Bereits im ersten Jahr arbeitete ich profitabel und konnte erste Mitarbeiter einstellen. Nach einigen guten, aber auch herausfordernden Jahren war aus „meinem Baby" die BMO GmbH geworden, eine Organisation mit knapp 30 festen und mehr als 1.000 freien Mitarbeitern.

Als professionelle Verkaufsförderungsagentur realisierten wir über zwölf Jahre hinweg mehr als 800 große und kleine Projekte. Viele der führenden Markenartikel- und Handelsunternehmen in Deutschland vertrauten uns ihre Aufgaben und Budgets an. Es gab viele Erfolge, aber eben auch den einen oder anderen Flop, der mich immer wieder in die Wirklichkeit zurückholte.

Den Satz „Nothing fails like success" habe ich erst richtig begriffen, als ich mich in einer Art Hybris befand. Ich hielt mich für den König der Welt und glaubte, es ginge immer nur in eine Richtung: vorwärts.

Erfolg kann sehr verführerisch sein, und rückblickend hatte ich Glück, dass im rechten Moment immer ein hilfreicher Hinweis kam, der mich veranlasste, die Perspektive zu wechseln – das war mal ein Buch mit dem Titel „Forever young" von Ulrich Strunz, das mich zum Ausdauersport und Marathonlauf brachte, mal war es das gute Gespräch mit Freunden, die mir ohne Hintergedanken ihre Meinung sagten oder die Headline einer Werbekampagne. Ich erinnere mich an eine große Plakatwand, auf der ich den Satz las: „Wir müssen reden. Gott." Oder das Graffiti an einer Hauswand: „Erst willst du es besitzen, dann besitzt es dich". Überall steckten Botschaften, die bis heute auf mich wirken, als wurde mir ein „Verbündeter" gesendet.

Ich bin sehr dankbar, dass ich dies alles erleben durfte, und ich denke in diesem Moment an alle meine ehemaligen Mitarbeiter, meine Kunden und Partner.

P&G, mein ehemaliger Arbeitgeber, war für viele Jahre einer unserer wichtigsten Kunden. Hinzu kamen Unternehmen wie Mars, Tchibo, Lindt & Sprüngli, Tengelmann, Eckes, Reebok, Maggi, Nestlé und Sony Computer Entertainment, um nur einige zu nennen.

Die „BMO-Zeit" war spannend, wild, herausfordernd und im

Rückblick manchmal sogar etwas unglaublich. Es ging nicht immer nur nach oben, mehrfach durfte und musste ich lernen, wie es ist, wenn die Aufträge ausbleiben, die Kosten aber jeden Tag weiterlaufen.

Nachdem ich Mitte der 1990er-Jahre begonnen hatte, Personalpromotion mit anzubieten, wurden die Komplexität und die Herausforderungen noch größer. Es ist definitiv leichter, einen Sack Flöhe zu hüten, als rund 1.000 freie Mitarbeiter zu managen.

Ohne meine engagierten und treuen Kollegen hätte ich dies nicht geschafft, aber ich musste auch realisieren, dass dieser Geschäftsbereich ganz besondere Anforderungen an die Administration und Organisation stellte. Eigene Software-Programme für die Steuerung der Promotionteams mussten entwickelt werden, die Buchhaltung hatte in den Spitzenzeiten mehr als 100.000 Belege zu verarbeiten.

Stolz war ich unter anderem über die Tatsache, dass sich BMO im Wettbewerb durchsetzen konnte, um die Werbedamen der MAGGI GmbH zu übernehmen und damit allein für diesen Kunden rund 6.000 Aktionstage im Handel durchzuführen.

## DER UMBRUCH

Zu Beginn des neuen Jahrtausends kam viel Unruhe in das Geschäft der Personal-Promotion-Agenturen, denn plötzlich vermutete die Bundesversicherungsanstalt für Angestellte (BfA) hinter allen freien Mitarbeitern sogenannte Scheinselbstständige. Dieses Thema beschäftigte auch uns und unsere Anwälte, und nach rund zwei Jahren kam dann der Bescheid. Die BfA war der Meinung, dass zumindest bei rund 500 unserer freien Mitarbeiter möglicherweise eine Scheinselbstständigkeit gegeben sei.

Dieser Aspekt war für mich so etwas wie ein „Wake-up call".

Plötzlich kamen mir all diese Gedanken in den Kopf:

Will ich weitere Jahre in anwaltliche Beratung und große Unsicherheit investieren?
Macht mir das ganze Thema noch viel Freude?
Bin ich der geborene Unternehmer?
Habe ich genug Geduld mit den Mitarbeitern?
Will ich immer wieder spätabends und an den Wochenenden arbeiten?
Wo ist meine Belohnung?
Wo ist meine Motivation geblieben?

Ich kam zu der schwierigen und gefühlt richtigen Einsicht, dass ich einfach nicht mehr wollte, keine Lust mehr hatte. Ich traf die Entscheidung, dass ich das Personal-Promotion-Geschäft nicht weiterführen werde. Das klingt verrückt, und ich war wahrscheinlich auch verrückt, aber meine innere Stimme sagte mir: „Nein, ich will das nicht für die nächsten zwanzig oder dreißig Jahre machen."

Ich besprach mich mit meiner Frau: Würde sie den Schritt in eine neue unsichere Zukunft mitgehen? Danach weihte ich meine Führungskräfte ein und im Anschluss daran alle Mitarbeiter. Gleichzeitig suchte ich den raschen Dialog mit meinen Kunden, um ihnen ehrlich zu sagen, was mich zu dieser Entscheidung geführt hat, und um nach guten Lösungen für meine Mitarbeiter und meine Kunden zu suchen.

In den meisten Fällen brachte mein Anliegen ein konstruktives Feedback, und wir konnten für fast alle Mitarbeiter neue Arbeitgeber finden, die ich gemeinsam mit meinen Kunden ausgewählt hatte, um deren Projekte weiterzuführen.

Dies war ein schwerer Schritt, der mich viel mehr gekostet hat als ich im ersten Moment absehen konnte. Aber die „Passion" war nicht mehr da. Heute, nach vielen Jahren, kann ich Ihnen versichern, dass diese vermeintlichen Rückschritte nie leicht sind, doch wenn man seiner ehrlichen inneren Stimme folgt, dann sind diese Schritte aus meiner Sicht immer richtig.

Jede Zeit, jede Erfahrung, auch die weniger erfreulichen, bereiten uns auf die künftigen Herausforderungen vor. Ich möchte die Zeit nie missen, und bedauert habe ich die Entscheidung von damals zu keiner Zeit. Nach dem „Neustart" mit dem klaren Fokus auf Beratung, Konzeption und Kommunikation ergaben sich „plötzlich" fantastische Projekte und neue Themen, die sich uns wahrscheinlich vorher gar nicht geboten hätten.

Ich habe weder Unternehmer noch Chef irgendwo gelernt, sondern ich habe agiert, die Verantwortung übernommen und den entsprechenden „Preis" dafür bezahlt. Selbstständig sein heißt auch „selbst und ständig" – diese Binsenweisheit kann ich mit voller Überzeugung bestätigen. Ich war so gut wie immer im Einsatz, und ich muss zugeben, dass ich mich auch das eine oder andere Mal überfordert gefühlt habe. Zumeist angesichts von Anforderungen, die meine Mitarbeiter an mich als Vorgesetzten stellten. Teilweise habe ich gar nicht verstanden, welche Fülle an Erwartungen da auf mich projiziert wurden. Die erforderliche Vaterrolle konnte ich mit Anfang/Mitte dreißig nicht leisten.

Mehr als einmal musste ich auch empfindliche Rückschläge hinnehmen, erlebte „Banker", die plötzlich gar nicht mehr kundenorientiert und freundlich waren, und musste manchmal auch erleben, wie sich meine Mitarbeiter mit meinen Kunden in ihrer eigenen Selbstständigkeit versucht haben.

Von heute aus betrachtet kann ich sagen, dass ich keinen meiner Fehler missen möchte, weiß ich doch, dass ich ohne diese Niederlagen nicht da wäre, wo ich heute bin. Ich betrachte sie deshalb auch als meine Semester und Lerneinheiten auf der Universität des Lebens – als solche waren sie auf jeden Fall sehr prägend und hilfreich.

Im Nachhinein ist man eben immer schlauer. Heute weiß ich, dass ich wahrscheinlich sehr viel Geld und Energie verloren habe, nicht weil ich schlecht gewirtschaftet habe, sondern einfach deshalb, weil ich mit schlechter Laune in meine eigene Firma gegangen bin.

Aus der Hirnforschung konnte und durfte ich mittlerweile lernen, dass Stress und/oder Angst nichts anderes sind als gigantische Wertevernichter. Und ich weiß auch, dass es nie nur die Unternehmen waren, für die wir gearbeitet haben, sondern es waren die Menschen, die uns begegneten. Im Verhältnis zwischen der Dienstleistungsagentur und dem Kunden gab es gigantische Unterschiede, insbesondere im Umgang miteinander und in Bezug auf die entgegengebrachte Wertschätzung.

Mir ist diesbezüglich ein Gedanke im Kopf geblieben: Was ist der Name wert, wenn das Logo der großen Firma nicht mehr auf der Visitenkarte steht? Bleibt da noch etwas übrig? Ich erlebte häufiger dieses Phänomen der „geliehenen Macht". Man ist wichtig, weil man Manager bei der Firma XY ist. Und diese Bedeutung will man auch zeigen und seinen „Lieferanten" spüren lassen.

Sicher gab es den einen oder anderen Egotrip bei unseren Kunden. Dabei ging es wahrscheinlich mehr darum, wer wohl

„Recht" hat, und vielleicht wollte man einfach auch nur zeigen, wie smart man ist.

Die für mich wichtigste Lernerfahrung war die Erkenntnis, dass es etwas Wichtigeres gibt als Karriere und unternehmerischen Erfolg: die Ehe und die Familie. Neben meinem beruflichen Glück, in frühen Jahren die Firma MAGGI als Arbeitgeberin zu haben, war und ist mein persönliches Glück meine Ehefrau und Partnerin Ines, mit der ich mein Leben seit 1987 teile. Wir sind stolze Eltern von vier wunderbaren Kindern, über die wir dankbar und glücklich sind.

Während meiner unternehmerischen Sturm-und-Drang-Zeit stand die Familie für mich zwar im Herzen, aber nicht in der physischen Wirklichkeit im Vordergrund. Zugleich sah ich zwar, wie sich viele Dinge im Außen realisierten, aber in meinem Inneren war oft ein Gefühl der Leere. Auf der materiellen Seite hatte sich eine Menge angehäuft, aber ich konnte es weder ausreichend wertschätzen noch genießen.

Erschwerend kam hinzu, dass der „Unternehmerheld" beim Nachhausekommen keinen roten Teppich vorfand. Die Kinder waren bereits im Bett, und die Gattin war alles andere als begeistert über den müden, gestressten und oft schlecht gelaunten, wortkargen Kämpfer, der da spät abends durch die Tür schritt.

## DIE SINNFRAGEN

Diese innere Unzufriedenheit war es, die mich vor mehr als fünfzehn Jahren in die Auseinandersetzung mit den wesentlichen Fragen meines Lebens führte:

Wer bin ich?

Was ist meine Aufgabe?

Welchen Weg soll ich gehen?

Wo ist mein wahres Glück?

Wo ist die wirkliche Erfüllung?

Und wo sind die Leichtigkeit und das Lachen geblieben?

Diese innere Spannung und der Konflikt zwischen Familie, Business und mir selbst brachte mich auf den Pfad meines „spirituellen" Erwachens. Ich lernte im Hinblick auf die relevanten Dinge des Lebens viele neue Sichtweisen kennen. Man könnte sagen: Materie versus innere Werte, Innen- und Außensicht der Welt – was wirklich zählt.

Ich glaube, in dieser Zeit, um die vierzig, begann ich, mich auch selbst besser kennenzulernen. Vorher hatte ich einfach irgendwie funktioniert in der Überzeugung, dass ein gewisser wirtschaftlicher Erfolg alles andere Positive automatisch nach sich ziehen würde.

In dieser inneren Neuausrichtung machte ich die Bekanntschaft mit sehr vielen neuen Menschen – in Büchern wie im Leben. Viel grundlegende Erkenntnisarbeit durfte ich bei Dr. Chuck Spezzano lernen, dem Begründer der Psychology of Vision. Ich verstand zum ersten Mal, dass ich der Schmied meines eigenen Glücks bin, und dass niemand außer mir selbst für mein Glück verantwortlich ist.

Das waren meine wirklichen Anfänge dieser „Arbeit", allerdings hatte ich zunächst auch große innere Widerstände zu überwinden. Zum einen hat es lange gedauert, bis ich mich tatsächlich aufgerafft hatte, um zu einem solchen Workshop zu fahren, und zum anderen, dort angekommen, wollte ich am liebsten gleich wieder abreisen.

Können Sie sich vorstellen, dass Sie als Fremder in einen Raum kommen, in dem Stühle im Kreis stehen, unter denen Kleenex-Boxen stehen? Als die Vorstellung begann, Chuck seine erste Teilnehmerin zur Familienaufstellung bat und diese zu weinen begann, gab es nur noch eins für mich: die Flucht.

Ich traute mich natürlich nicht, einfach aufzustehen und zu gehen, nein, ich wollte nachts einfach abreisen. Doch ich bin geblieben. Irgendeine innere Stimme sagte mir: „Bleib." Dieser Impuls hat mein restliches Leben signifikant verändert.

Ich verbrachte vier Tage mit dem Leadership-Master Anthony Robbins und lernte von ihm, wie man über glühende Kohlen geht. Ich traf Dan Millmann, „den friedvollen Krieger", und durfte von Stephen R. Covey nicht nur die sieben Wege zur Effektivität lernen, sondern eben auch, wie man seine eigene innere Stimme hört, um dann anderen zu helfen, ihre innere Stimme zu hören.

Ich suchte und fand Inspiration im Tao te king des Laotse, in griechischer, indischer und römischer Philosophie, bekam durch Eckhart Tolle ein ganz neues Verständnis für die Bedeutung des Jetzt und durfte mit Oprah Winfrey und Deepak Chopra virtuell meditieren – und bin, glaube ich, über die vielen Begegnungen und Jahre zu einem gelehrigen Schüler geworden.

Heute begeistern mich die Gedanken von Simon Sinek und Robin Sharma gleichermaßen. Dessen Buch „The monk, who sold his Ferrari" hat mich nachhaltig beeindruckt, und ich konnte diesem viele gute Impulse abgewinnen, zum Beispiel den ersten Schritt, im Vertrauen zu gehen und zu erkennen, dass es immer um die konkrete Aktion geht.

## DEM FLUSS DES LEBENS FOLGEN

Dies führte mich zu Beginn des Jahres 2010 direkt zu meinem Partner und mittlerweile sehr guten Freund, Achim Fringes, dem Entdecker des neuromerchandising®, auf das ich im nächsten Kapitel explizit eingehen werde.

Wir saßen vermeintlich zufällig nebeneinander im Flugzeug auf dem Weg nach Mailand, um dort das Konzept unseres italienischen Kreativpartners für den Kunden Ferrero präsentiert zu bekommen.

Ich war neugierig, von Achim zu hören und zu lernen, was sein Konzept des neuromerchandising® sei. Ehrlicherweise muss ich zugeben, dass ich anfangs sehr skeptisch war, schien mir doch alles „neuro" etwas suspekt und vordergründig. Ich hörte meinem Sitznachbarn sehr aufmerksam zu, und meine Ohren wurden immer größer. Ich spürte intuitiv, dass Achims Ausführungen genau das beschrieben, was ich bis dahin immer gesucht hatte: den besseren Weg.

Es gilt, alles Denken und Handeln an den Menschen auszurichten und nicht an den Systemen: Methoden zu entwickeln und sich den wissenschaftlichen Erkenntnissen zu bedienen, die dazu beitragen, den Menschen zu verstehen und zu begreifen, wie Wirklichkeit in dessen Kopf kommt – und zwar immer unter dem Aspekt der Praxis, also nicht zu theoretisieren, sondern immer die konkrete Umsetzung im Blick zu haben. All das faszinierte mich so stark, dass ich noch mehr darüber wissen und verstehen wollte.

Noch im Flugzeug sagte ich ihm, dass ich mich oft wie Odysseus auf der Suche nach der „Wahrheit", dem „besseren Weg", fühlen würde und das Gefühl hätte, das neuromerchandising®

dieser bessere Weg sein könne, um darauf eine Firma aufzu-
bauen. Es dauerte nicht lange und auf die anfängli-
che Euphorie folgten Taten. Wir trafen uns wenige Tage
nach der Rückkehr aus Mailand und hatten beide die
Idee, den konkreten Willen und die notwendige Lust, ein
gemeinsames Unternehmen zu gründen und zu führen.

Im Sommer 2010 entstand die neuromerchandising® group.
In diesem Unternehmen wollten und wollen wir all das vorleben
und verwirklichen, von dem wir beide absolut überzeugt sind.

Im Kern des Unternehmens geht es um die Schaffung von Räumen, in denen sich Menschen wohlfühlen – das ist die Expertise
und der Schwerpunkt der Arbeit meines Partners. Zum anderen geht es um die Menschen in diesen Räumen, die Mitarbeiter und die Kunden. Das Thema Menschen ist maßgeblich mein
Beratungsschwerpunkt geworden. Endlich darf ich das tun,
wofür ich mich schon immer berufen fühlte.

Die intensive Auseinandersetzung mit Hirnforschung und
Evolutionsbiologie erfordert viele Gespräche mit Experten aus
beiden Bereichen, beispielsweise mit dem Neurologen Prof. Dr.
Jürgen Gallinat und der Evolutionsbiologin Dr. Sabine Paul. Die
direkte und indirekte Begegnung mit den vielen Experten, die in
diesen Bereichen forschen, hat mein Leben bereichert und dies
nicht nur in fachlich-professioneller, sondern entscheidend in
persönlicher Hinsicht.

Es geht um den Kopf und vor allem um das Herz der Mitarbeiter, der Kunden und besonders auch um uns selbst. Vieles von
dem, was ich gespürt und vielleicht auch implizit gewusst habe,
fand ich nun wissenschaftlich bestätigt.

Ich fühle mich aktuell ein wenig, als würde ich von einer knapp siebenjährigen Expedition reich beschenkt nach Hause kommen. Ich bereiste das Land der Hirnforscher, ich war in den Ländereien der Evolutionsbiologen, ich wanderte durch die Gefilde der Positiven Psychologie und ich durfte erleben, wie sich die Wissenschaft und ihre Erkenntnisse in der unternehmerischen Wirklichkeit und Praxis umsetzen lässt. Und jetzt will ich eigentlich nur noch das „Eine" – dieses Wissen, diese Erfahrungen mit möglichst vielen Menschen aus allen Bereichen des Lebens teilen.

„Danke", dass Sie mir bis hierher gefolgt sind und mir zugehört haben.

# WAS IST NEUROMERCHANDISING® – KANN MIR DAS MAL JEMAND ERKLÄREN?

Lassen Sie mich kurz die grundlegenden Überlegungen aus dem neuromerchandising® vorstellen, um Ihnen die inhaltliche Klammer zu diesem Buch und seinen drei Elementen aufzuzeigen.

**neuromerchandising®: Nicht jeder Mensch ist Dein Kunde, aber jeder Deiner Kunden ist ein Mensch.**

Der Mensch steht im Mittelpunkt aller Überlegungen und Methoden des neuromerchandising®: Auf allen Ebenen geht es um die Fragen von Führung, Kommunikation und Inspiration. Deshalb sind alle Gedanken und Anregungen nicht nur relevant, sondern auch direkt anwendbar.

neuro                              merchandising®

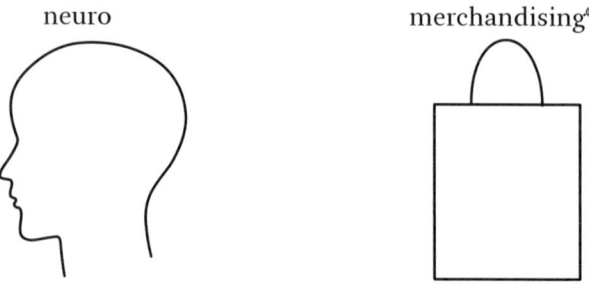

## Den Menschen verstehen. Den Point of Sale verstehen.

neuromerchandising® verbindet die Erkenntnisse aus Hirnforschung und Evolutionsbiologie mit den Realitäten und Notwendigkeiten des modernen Point of Sale.

Es ist ein von Achim Fringes entwickelter Ansatz mit dem Ziel, aus den wissenschaftlichen Erkenntnissen und aus vier Jahrzehnten praktischer Handelserfahrung konkrete und direkt umsetzbare Lösungen für Handel, Marke und Dienstleistung zu entwickeln. neuromerchandising® hat ebenso das Ziel, die Loyalität bei Mitarbeitern, Kunden und Lieferanten zu steigern und damit einen signifikanten und dauerhaften Wachstumseffekt auf Umsatz und Ertrag herbeizuführen.

Das Kernarbeitsfeld der neuromerchandising® group ist der Point of Sale – dies ist nicht immer zwingend der Raum im Handel, sondern der Bereich, in dem Menschen interagieren und Entscheidungen treffen. Der PoS kann also auch der Besprechungsraum sein, in dem der Berater seinen Mandanten trifft, der Messestand, die Hotellobby, das Bordbistro im ICE oder das Wartezimmer des Zahnarztes.

## RAUM UND MENSCH

neuromerchandising® betrachtet den PoS in zwei Dimensionen: den Raum und die Menschen im Raum. Unter dem Aspekt Raum geht es in erster Linie um die Schaffung einer Wohlfühlatmosphäre für Mitarbeiter und Kunden, und unter dem Aspekt Mensch geht es um die Ebenen der zwischenmenschlichen Kommunikation. Schließlich ist Handel vor allem immer die Begegnung von Menschen und nicht nur das Bereitstellen von Ware.

Mehr denn je sind es die Mitarbeiter, die den Erfolg des Unternehmens erst möglich machen und dauerhaft sicherstellen. Sie werden sich jetzt vielleicht denken, dass das schon immer so war – und sie haben recht. Aber erleben Sie das auch an den PoS, an denen Sie unterwegs sind? Können Sie sich vorstellen, dass Sie sich in einem Geschäft wohlfühlen, in dem sich die Mitarbeiter sichtlich unwohl fühlen?

Ich glaube, dass man diesen Sachverhalt auf einen ganz einfachen Nenner bringen kann:

## GLÜCKLICHE MITARBEITER – GLÜCKLICHE KUNDEN – GLÜCKLICHE CHEFS.

Und alle drei Glücksparameter machen Unternehmen dauerhaft erfolgreich.

Gerne verweise ich in meinen Vorträgen auf das Beispiel des Drogeriemarkt Unternehmens *Schlecker* und auf die *dm-Drogeriemärkte*. *Schlecker*, in den 1970er-Jahren vom Unternehmer

Anton Schlecker gegründet, war über Jahre hinweg in Bezug auf Umsatz und die Anzahl seiner Filialen viel größer als *dm*. Es war ein typisches, familiengeführtes Handelsunternehmen mit strenger Hierarchie und deutlichem Fokus auf Kosten und Preis. dm wurde ebenfalls in den 1970er-Jahren gegründet, vom bekennenden Anthroposophen Götz Werner. Bei ihm stand von Anfang an der Mensch im Mittelpunkt seines unternehmerischen Schaffens. Das drückt sein Unternehmensclaim – der Goethe entliehen ist – noch heute aus: „Hier bin ich Mensch, hier kauf ich ein." Die Sortimente beider Unternehmen waren recht ähnlich und vergleichbar. Jedoch hatte dm die schöneren Geschäfte, und vor allem Mitarbeiter, die offensichtlich Freude an ihrer Arbeit hatten – ganz im Gegensatz zum Discountkonzept von *Schlecker*. Dort schienen sich die Mitarbeiter nie besonders wohl zu fühlen, und das haben schließlich auch die Kunden gespürt.

Die Konsequenz: *Schlecker* musste vor einigen Jahren Insolvenz anmelden, und *dm* ist heute größer und erfolgreicher denn je – aus meiner Sicht, weil die wesentlichen Aspekte des neuromerchandising® in hervorragender Form berücksichtigt wurden, und weil die mittlerweile über 40.000 Mitarbeiter das Unternehmen täglich fühlbar und emotional erlebbar machen. Menschliches Unternehmertum und betriebswirtschaftlicher Erfolg schließen sich hier nicht aus.

Für mich ist *dm* ein perfektes Beispiel dafür, dass es immer zunächst um die innere Haltung geht, die sich im Außen entsprechend manifestiert – Misstrauen und Geiz genauso wie Wertschätzung und Fairness.

# NEUROMERCHANDISING®:
# VERKAUFEN HEISST, DEN MENSCHEN VERSTEHEN

Aktuell sehen wir eine rasante Entwicklung des PoS im Sinne des neuromerchandising®. Die „Dekade der Qualität" ist in vollem Gange: Alle wollen schöner und besser werden, um damit den gestiegenen Anforderungen der Kunden gerecht zu werden. Zum Beweis genügt ein Blick in die neuen Märkte von Aldi und Lidl. Schöne Geschäfte und Läden können nun schon viele, aber auch hier zeigt sich des Öfteren die alte Regel, dass Kopieren nicht zwingend Kapieren heißt, und dass es eben nicht ausreicht, ein ansprechendes Design mit einer „coolen" Architektur zu kombinieren. Es muss in erster Linie von Innen heraus stimmen.

Was allzu oft noch unbeantwortet bleibt, ist die große Frage nach der Stimmigkeit und dem richtigen Kontext.

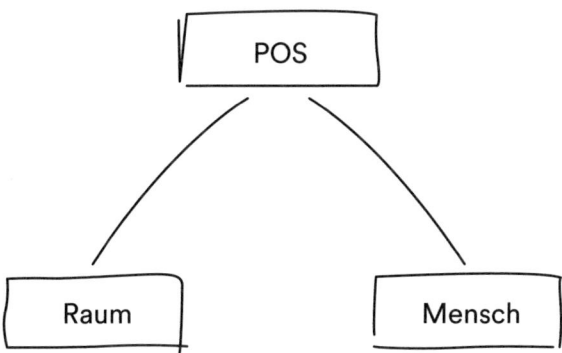

neuromerchandising® verbindet den Point of Sale mit den Dimensionen Raum und Mensch.

Im neuromerchandising® geht es mehr denn je um die nächst Entwicklungsstufe, die sich unserer Ansicht nach treffend als die „Dekade der Menschlichkeit" bezeichnen lässt – und damit um die stärkere und eindeutige Ausrichtung auf die zentralste Erfolgskomponente des PoS, den Menschen.

Dieses Thema war und ist eine der „treibenden Kräfte", die mich veranlasst haben, dieses Buch zu schreiben. Ich will daran erinnern, wer wir als Menschen tatsächlich sind, und wie es gelingen kann, Brücken zu bauen zwischen einem menschlichen Umgang untereinander und unternehmerischem Erfolg.

Mein wichtigstes Anliegen ist es, dass Sie als Leser einen aktiven und vor allem nachhaltigen Nutzen sowie konkrete Ideen und Hilfestellungen aus diesen Gedanken schöpfen können, für Ihr Unternehmen, für Ihre Familien und für sich selbst.

Besuchen Sie mich sehr gerne auf meiner Website:
**www.bmo.de**
oder schreiben Sie mir an
**bmohnemueller@bmo.de**
Ich freue mich darauf.

Herzlichst
Ihr
Bert Martin Ohnemüller

Aurel, M. (2011): *Wege zu sich selbst*,
Berlin, Suhrkamp Insel.

Bach, R. (1990): *EinsSein: Eine kosmische Reise*,
München, Goldmann.

Bach, R. (2005): *Die Möwe Jonathan*,
Berlin, Ullstein.

Brooks, D. (2012): *Das soziale Tier: Ein neues Menschenbild zeigt,
wie Beziehungen, Gefühle und Intuitionen unser Leben formen*,
München, DVA.

Cialdini, R. (2006): *Influence: The Psychology of Persuasion*,
New York, NY, HarperBusiness.

Coelho, P. (2006): *Handbuch des Kriegers des Lichts (Aufl. 14)*,
Zürich, Diogenes.

Coelho, P. (2008): *Der Alchimist (Aufl. 12)*,
Zürich, Diogenes.

Covey, S. R. (2005): *Die 7 Wege zur Effektivität: Prinzipien für persönlichen und beruflichen Erfolg (33. Aufl.)*,
Offenbach a. M., GABAL.

Covey, S. R. (2006): *Der 8. Weg: Mit Effektivität zu wahrer Größe
(8. Aufl.)*, Offenbach a. M., GABAL.

Covey, S. M. R. (2008): *The SPEED of Trust: The One Thing That
Changes Everything*,
New York, NY, Free Press.

Covey, S. R. (2012): *Die 3. Alternative: So lösen wir die
schwierigsten Probleme des Lebens (2. Aufl.)*,
Offenbach a. M., GABAL.

Damásio, A. R. (2002): *Ich fühle, also bin ich: Die Entschlüsselung
des Bewusstseins*,
München, List Taschenbuch.

Damásio, A. R. (2004): *Descartes' Irrtum: Fühlen, Denken und das menschliche Gehirn*,
München, List Taschenbuch.

Ekman, P. (2004): *Gefühle lesen: Wie Sie Emotionen erkennen und richtig interpretieren*,
Heidelberg, Spektrum Akademischer Verlag.

Epikur (2011): *Der Weg zum Glück*,
Köln, Anaconda.

Frankl, Viktor (2009): *Und trotzdem Ja zum Leben sagen (7. Aufl.)*,
München, Kösel-Verlag.

Fringes, A. (2008): *Brainshopping: Emotionalisierung im Handel*,
Publisher, Achim Fringes.

Fringes, A. (2012): Brainshopping: *Mit allen Sinnen handeln*,
Publisher, Achim Fringes.

Gigerenzer, G. (2008): *Bauchentscheidungen: Die intelligenz des Unbewussten & die Macht der Intuition*,
München, Goldmann.

Gladwell, M. (2009): *What the Dog Saw: And Other Adventures*,
New York, NY, Little, Brown and Company.

Goethe, J. W. (2012): *Maximen und Reflexionen*,
Wiesbaden, Römerweg.

Hanh, T. N. (2007): *Ärger: Befreiung aus dem Teufelskreis destruktiver Emotionen*,
München, Arkana.

Hüther, G. (2012): *Bedienungsanleitung für ein menschliches Gehirn (11. Aufl.)*,
Göttingen, Vandenhoeck & Ruprecht.

Isaacson, W. (2011): *Steve Jobs*,
New York, NY, Simon & Schuster.

Kahnemann, D. (2012): *Schnelles Denken, langsames Denken*, München, Siedler.

Khalsa, M. & Illig, R. (2008): *Let's get real or Let's Not Play: Transforming the Buyer/Seller Relationship.* Frankfurt a. M., Portfolio.

Laotse (2010): *Tao te king: Das Buch vom Sinn und Leben*, Köln, Anaconda.

Lelord, F. (2006): *Hectors Reise oder die Suche nach dem Glück*, München, Piper.

Martin, S. J., Goldstein, N. J. & Cialdini, R. B. (2014): *The small BIG: Small changes that spark big influence*, New York, NY, Grand Central Publishing.

Millmann, D. (2009): *Der Pfad des friedvollen Kriegers: Das Buch, das Leben verändert (6. Aufl.)*, München, Ansata.

Morrell, M. & Capparell, S. (2003): *Shackeltons Führungskunst: Was Manager von dem großen Polarforscher lernen können (11. Aufl.)*, Reinbek, Rowohlt.

Pausch, R. (2008): *The Last Lecture: Lessons in living*, London, Hodder & Stoughton.

Purps-Pardigol, S. (2015): *Führen mit Hirn*, Frankfurt a. M., Campus.

Robbins, A. (2004): *Das Robbins Power Prinzip: Wie Sie Ihre wahren inneren Kräfte sofort einsetzen*, Berlin, Ullstein.

Seneca (2005): *Von der Kürze des Lebens*, München, dtv.

Sharma, R. (1999): *The Monk Who Sold His Ferrari: A Fable about Fulfilling Your Dreams And Reaching Your Destiny*, New York, NY, HarperCollins.

Sharma, R. (2002): *Who Will Cry When You Die?: Life Lessons from the Monk who sold his Ferrari*,
Carlsbad, CA, Hayhouse Inc.

Sharma, R. (2010): *The Leader Who Had No Title: A Modern Fable on Real Success In Business And In Life*,
New York, NY, Free Press.

Sievers, D. (2011): *Anything you want*,
Do You Zoom Inc.

Spezzano, C. (2006): *Der TAO-Index: „Persönliche Entwicklung und Partnerschaft werden in Zukunft über gesellschaftlichen Erfolg oder Misserfolg entscheiden"*,
München: Riemann.

Sprenger, R. (2002): *Mythos Motivation: Wege aus einer Sackgasse (17. Aufl.)*,
Frankfurt a. M., Campus.

Sprenger, R. (2012): *Radikal Führen*,
Frankfurt a. M., Campus

Sprenger, R. (2015): *Das anständige Unternehmen*,
Frankfurt a. M., Campus.

Taleb, N. N. (2010): *Der schwarze Schwan: Die Macht höchst unwahrscheinlicher Ereignisse*,
München, dtv.

Tolle, R. (2010): *Jetzt! Die Kraft der Gegenwart (3. Aufl.)*,
Bielefeld, Kamphausen.

USA Foundation for Inner Peace (Hrsg.) (2014): *Ein Kurs in Wundern: Textbuch/Übungsbuch/Handbuch für Lehrer*,
Freiburg: Greuthof.

Walsch, N. D. (2009): *When Everything Changes, Change Everything: In a Time of Turmoil, a Pathway to Peace*,
Carlsbad, CA, Hay House.